●目次

数学B

1 数列

2 確率分布と統計的な推測

JN060092

数学C

1 ベクトル

2 複素数平面

3 平面上の曲線

本書の構成と利用法

　本書は，教科書の内容を着実に理解し，問題演習を通して応用力を養成できるよう編集しました。

　とくに，自学自習でも十分学習できるように，**例題を豊富に取り上げました。**

例　　題	基本事項の確認から応用力の養成まで，幅広く例題として取り上げました。
類	例題に対応した問題を明示しました。 例題で学んだことを確実に身につけるために，あるいは，問題のヒントとして活用してください。
エクセル	特に覚えておいた方がよい解法の要点をまとめました。
A　問　題	教科書の内容を着実に理解するための問題です。
B　問　題	応用力を養成するための問題です。代表的な問題は，例題で取り上げてありますが，それ以外の問題には，適宜 ヒント を示しました。
↩ 例題 1	対応する例題を明示しました。 問題のヒントとして活用してください。
Step Up 例題	教科書に取り上げられていない発展的な問題や難易度の高い問題を，例題として取り上げました。
Step Up 問題	Step Up 例題の類題で，より高度な応用力を養成する問題です。
＊　　印	時間的に余裕がない場合，＊印の問題を解いていけば，ひととおり学習できるよう配慮しました。
復 習 問 題	各章で学んだ内容を復習する問題です。反復練習を積みたいときや，試験直前の総チェックに活用してください。

問 題 数　　例題　　86題　　A問題　140題　　B問題　123題
　　　　　　　Step Up 例題　39題　　Step Up 問題　59題
　　　　　　　復習問題　43題

数学 B

1　等差数列

例題 1　等差数列の一般項とその和　　　　　　　　　圞1,3

等差数列 $\{a_n\}$：3, 7, 11, 15, …… の一般項と，初項から第 n 項までの和 S_n を求めよ。

解　初項が 3, 公差が $7-3=4$ であるから

$$a_n=3+(n-1)\cdot 4=\mathbf{4n-1}$$

$$S_n=\frac{1}{2}n\{2\cdot 3+(n-1)\cdot 4\}=\mathbf{n(2n+1)}$$

別解　$S_n=\frac{1}{2}n\{3+(4n-1)\}=\mathbf{n(2n+1)}$

> **等差数列**
>
> 初項 a, 公差 d, 末項 l
> 一般項：$a_n=a+(n-1)d$
> 和：$S_n=\frac{1}{2}n\{2a+(n-1)d\}=\frac{1}{2}n(a+l)$

例題 2　等差数列の一般項と和の最大値　　　　　　　圞2,5

第 10 項が 20, 第 20 項が -10 である等差数列がある。次の問いに答えよ。

(1)　初項 a と公差 d および一般項 a_n を求めよ。

(2)　初めて負になるのは第何項か。　　(3)　この数列の和の最大値を求めよ。

解　(1)　$a_{10}=a+9d=20$　…①,　$a_{20}=a+19d=-10$　…②　◀一般項：$a_n=a+(n-1)d$

①, ②より　$\mathbf{a=47,\ d=-3}$

よって　$\mathbf{a_n=47+(n-1)\cdot(-3)=-3n+50}$

(2)　$a_n=-3n+50<0$　より　$n>16.6\cdots$　◀$a_n<0$ を解いて最小の自然数 n を求める

よって **第 17 項**

(3)　(2)より，第 16 項までの和が最大となる。　◀第 17 項以降は負なので，和が減少する

このとき　$S=\frac{1}{2}\cdot 16\{2\cdot 47+(16-1)\cdot(-3)\}=\mathbf{392}$　◀$S_n=\frac{1}{2}n\{2a+(n-1)d\}$

エクセル　等差数列の和の最大値 ➡ $a_n>0$ となる n の最大値を見つける

例題 3　等差数列をなす 3 つの数　　　　　　　　　圞7

等差数列をなす 3 つの数があり，その和は 15, 積が 80 である。この 3 つの数を求めよ。

解　3 つの数を $a-d$, a, $a+d$ とおくと　◀等差数列をなす 3 つの数のおき方

和が 15 より　$(a-d)+a+(a+d)=15$　…①

積が 80 より　$(a-d)a(a+d)=80$　…②

①より　$a=5$, ②に代入すると　$(5-d)\cdot 5\cdot(5+d)=80$

整理すると　$d^2=9$　　よって　$d=\pm 3$

$d=3$ のとき 3 つの数は 2, 5, 8,　$d=-3$ のとき 3 つの数は 8, 5, 2

ゆえに，求める 3 つの数は **2, 5, 8**

エクセル　等差数列をなす 3 つの数 ➡ $a-d$, a, $a+d$ とおける

4

A

1 次の等差数列 $\{a_n\}$ の一般項を求めよ。また，第 10 項を求めよ。 ← 例題1

*(1) 初項 2，公差 6   (2) 初項 -1，公差 -3

*(3) 1, 5, 9, 13, ……   (4) 14, 9, 4, -1, ……

2 次の等差数列 $\{a_n\}$ の一般項を求めよ。 ← 例題2

*(1) 初項 6，第 8 項 -22 (2) 公差 3，第 5 項 17

*(3) 第 5 項が 13，第 10 項が 28   (4) 第 6 項が 65，第 30 項が -103

3 次の等差数列 $\{a_n\}$ の一般項と，初項から第 n 項までの和 S_n を求めよ。

(1) 初項 -5，公差 8   *(2) 初項 10，公差 -5 ← 例題1

(3) 2, 9, 16, 23, ……   *(4) 2, $\frac{3}{2}$, 1, $\frac{1}{2}$, ……

4 次の等差数列の和 S を求めよ。

(1) 初項 5，末項 41，項数 10   (2) 初項 27，末項 -5，項数 17

(3) -2, 2, 6, 10, ……, 38   (4) 35, 32, 29, 26, ……, 2

B

***5** 初項が 67，公差が -4 である等差数列 $\{a_n\}$ について，次の問いに答えよ。 ← 例題2

(1) -25 は第何項か。   (2) 初めて負になるのは第何項か。

(3) 初項から第何項までの和が最大となるか。また，そのときの和を求めよ。

6 ある等差数列は初めの 10 項の和が 345，次の 10 項の和が 1045 であるという。この数列の初項 a と公差 d を求めよ。

***7** 等差数列をなす 3 つの数が次の条件を満たすとき，その 3 つの数を求めよ。

(1) 和が 30，積が 190   (2) 和が 12，平方の和が 120 ← 例題3

8 10 と 20 の間に k 個の数を入れて，等差数列をつくったら，その和が 300 になった。このときの k の値と公差を求めよ。

9 一般項が $a_n=2n+3$ で表される数列 $\{a_n\}$ がある。次の問いに答えよ。

(1) 数列 $\{a_n\}$ は等差数列であることを示せ。また，初項と公差を求めよ。

(2) a_1, a_4, a_7, a_{10}, …… も等差数列であることを示せ。

ヒント **9** (2) 一般項は $b_n=a_{3n-2}$ と表せる。

2　等比数列

圏10,12
例題 4　等比数列の一般項とその和

等比数列 $\{a_n\}$：3, 6, 12, 24, ……の一般項と，初項から第 n 項までの和 S_n を求めよ。

解　初項が3, 公比が $6 \div 3 = 2$ であるから

$$a_n = 3 \cdot 2^{n-1}$$

◀ $3 \cdot 2^{n-1} = 6^{n-1}$ は誤り

$$S_n = \frac{3(2^n - 1)}{2 - 1} = 3(2^n - 1)$$

等比数列
初項 a, 公比 $r (r \neq 1)$ 一般項：$a_n = ar^{n-1}$ 和：$S_n = \dfrac{a(r^n - 1)}{r - 1} = \dfrac{a(1 - r^n)}{1 - r}$

圏14
例題 5　等差数列，等比数列をなす 3 つの数

4, a, b がこの順に等差数列をなし，a, b, 18 がこの順に等比数列をなすとき，a, b の値を求めよ。

解　4, a, b が等差数列より　$2a = b + 4$　……①

a, b, 18 が等比数列より　$b^2 = 18a$　……②

◀ a は等差中項
◀ b は等比中項

①，②より　$b^2 - 9b - 36 = 0$　すなわち　$(b+3)(b-12) = 0$

よって　$b = -3, 12$

$b = -3$ のとき　$a = \dfrac{1}{2}$，　$b = 12$ のとき　$a = 8$

よって　$(a, b) = \left(\dfrac{1}{2}, -3\right)$, $(8, 12)$

エクセル　a, b, c が等差数列 $\Longleftrightarrow 2b = a + c$
　a, b, c が等比数列 $\Longleftrightarrow b^2 = ac$

圏15,16
例題 6　等比数列の和

ある等比数列の初項から第 3 項までの和が -7 で，第 4 項から第 6 項までの和が 189 である。このとき，第 7 項から第 9 項までの和を求めよ。

解　初項を a, 公比を r とすると

$$a + ar + ar^2 = -7 \quad ……①$$

$$ar^3 + ar^4 + ar^5 = 189 \quad ……②$$

②÷①より　$\dfrac{ar^3(1 + r + r^2)}{a(1 + r + r^2)} = \dfrac{189}{-7}$

よって　$r^3 = -27$　r は実数であるから　$r = -3$

①に代入して　$a - 3a + 9a = -7$ より　$a = -1$

ゆえに，第 7 項から第 9 項までの和は

$$ar^6 + ar^7 + ar^8 = r^3(ar^3 + ar^4 + ar^5) = (-3)^3 \times 189 = -5103$$

10　次の等比数列 $\{a_n\}$ の一般項を求めよ。また，第 6 項を求めよ。　　↩例題4

(1)　初項 5，公比 3　　　　　　　*(2)　初項 3，公比 -2

*(3)　10，20，40，……　　　　　(4)　-81，27，-9，……

11　次の等比数列 $\{a_n\}$ の一般項を求めよ。

(1)　公比 2，第 8 項 1024　　　　(2)　初項 5，第 4 項 40

(3)　第 3 項が 6，第 6 項が 48　　(4)　第 2 項が -6，第 6 項が -486

12　次の等比数列 $\{a_n\}$ の初項から第 n 項までの和 S_n を求めよ。　↩例題4

*(1)　初項 1，公比 4　　　　　　(2)　初項 8，公比 $\dfrac{1}{2}$

*(3)　2，$\dfrac{4}{3}$，$\dfrac{8}{9}$，$\dfrac{16}{27}$，……　　　(4)　0.2，0.02，0.002，0.0002，……

13　次の等比数列において，指定されたものを求めよ。

(1)　初項 3，公比 -2，末項 192 のとき，項数 n と和 S

(2)　初項 7，末項 448，和が 889 のとき，公比 r と項数 n

(3)　第 3 項が 2，第 3 項から第 5 項までの和が 14 のとき，初項 a と公比 r

B

*14　-5，a，b がこの順に等差数列をなし，a，b，45 がこの順に等比数列をなすとき，a，b の値を求めよ。　　↩例題5

*15　ある等比数列の初項から第 3 項までの和が 3，第 4 項から第 6 項までの和が -24 のとき，第 7 項から第 9 項までの和を求めよ。　↩例題6

16　ある等比数列の初項から第 4 項までの和 S_4 が 160，初項と第 2 項の和 S_2 が 16 である。このとき，第 5 項から第 8 項までの和を求めよ。　↩例題6

17　等比数列をなす 3 つの数が次の条件を満たすとき，その 3 つの数を求めよ。

*(1)　和が 26，積が 216　　　　(2)　和が 39，積が 1000

18　初項 2，公比 3 の等比数列の第 n 項から第 N 項までの和が 720 に等しいとき，n と N の値を求めよ。

Step UP 例題 7　倍数の和

1 から 100 までの自然数のうち，3 または 4 の倍数である数の和を求めよ。

解　3 の倍数は　3, 6, 9, 12, ……, 99　より

　　　初項 3，末項 99，項数 33 の等差数列

　　　その和を S_1 とすると　$S_1 = \dfrac{33(3+99)}{2} = 1683$

　　　4 の倍数は　4, 8, 12, 16, ……, 100　より

　　　初項 4，末項 100，項数 25 の等差数列

　　　その和を S_2 とすると　$S_2 = \dfrac{25(4+100)}{2} = 1300$

　　　また，3 の倍数かつ 4 の倍数，すなわち

　　　12 の倍数は　12, 24, 36, ……, 96　より

　　　初項 12，末項 96，項数 8 の等差数列

　　　その和を S_3 とすると　$S_3 = \dfrac{8(12+96)}{2} = 432$

　　　以上より，求める和 S は

　　　$S = S_1 + S_2 - S_3 = 1683 + 1300 - 432 = \mathbf{2551}$

◯ 3 の倍数 $3n$ において
$1 \le 3n \le 100$ を満たす
自然数 n は　$1 \le n \le 33$

◯ 4 の倍数 $4m$ において
$1 \le 4m \le 100$ を満たす
自然数 m は　$1 \le m \le 25$

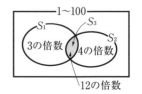

エクセル　和集合の要素の個数 ➡ $n(A \cup B) = n(A) + n(B) - n(A \cap B)$

- -

19　1 から 100 までの自然数について，次の数の和を求めよ。

　(1)　5 の倍数

　(2)　7 で割ると 3 余る数

　*(3)　7 の倍数でない数

　*(4)　2 または 7 で割り切れる数

Step UP 例題 8　等差数列の共通項

次の 2 つの等差数列に共通な項でつくられる数列を $\{c_n\}$ とする。

$\{a_n\}$: 2, 4, 6, 8, ……, 100　　$\{b_n\}$: 3, 6, 9, 12, ……, 99

(1)　数列 $\{c_n\}$ の一般項を求めよ。　　(2)　数列 $\{c_n\}$ の和を求めよ。

解　(1)　数列 $\{c_n\}$ の初項は 6 であり，

　　　　公差は $a_n = 2n$，$b_n = 3n$ より，2 と 3 の最小公倍数の 6 である。

　　　　よって　$c_n = 6 + (n-1) \cdot 6 = \mathbf{6n}$

　　(2)　$6 \le 6n \le 99$　より　$1 \le n \le 16.5$ であるから，数列 $\{c_n\}$ の項数は 16

　　　　よって，和は　$\dfrac{1}{2} \cdot 16\{2 \cdot 6 + (16-1) \cdot 6\} = \mathbf{816}$

エクセル　共通に含まれる数の公差は，それぞれの公差の最小公倍数である

- -

20 次の2つの等差数列に共通な項でつくられる数列を $\{c_n\}$ とする。

$\{a_n\}$：2，5，8，11，……，299　　$\{b_n\}$：3，8，13，18，……，298

(1) 数列 $\{c_n\}$ の一般項を求めよ。　　(2) 数列 $\{c_n\}$ の和を求めよ。

1章

数列

Step UP 例題 9 　**複利法と等比数列**

　毎年の初めに10万円ずつ積み立てる。年利率を2％とし，1年ごとの複利で10年後の元利合計はいくらになるか。ただし，$1.02^{10}=1.219$ とする。

解　1年目の10万円は，10年間預けるから　10×1.02^{10} 万円

　　　2年目の10万円は，9年間預けるから　　10×1.02^{9} 万円

　　　3年目の10万円は，8年間預けるから　　10×1.02^{8} 万円

　　　　　　　　　　　　　　　　　　　⋮

　　　10年目の10万円は，1年間預けるから　10×1.02 万円

　　　よって，求める元利合計 S は

$$S=10\times1.02^{10}+10\times1.02^{9}+10\times1.02^{8}+\cdots+10\times1.02$$

　　　これは，初項 10×1.02，公比 1.02，項数 10 の等比数列の和であるから

$$S=\frac{10\times1.02\times(1.02^{10}-1)}{1.02-1}$$

$$=\frac{10\times1.02\times(1.219-1)}{0.02}=\textbf{111.69 (万円)}$$

21　毎年の初めに1万円ずつ積み立てる。年利率を5％とし，1年ごとの複利で5年後の元利合計はいくらになるか。ただし，$1.05^{5}=1.276$ とする。

Step UP 例題 10 　**等比数列の和と項数**

　$S_n=1+2+2^2+\cdots\cdots+2^{n-1}$ について，$S_n>10000$ を満たす最小の自然数 n を求めよ。

解　　$S_n=1+2+2^2+\cdots\cdots+2^{n-1}$

　　　　　$=\dfrac{1\cdot(2^n-1)}{2-1}=2^n-1$

　　　$2^n-1>10000$ より　$2^n>10001$　……①

　　　$2^{13}=8192$，$2^{14}=16384$ であるから，

　　　①を満たす自然数 n は　$n=14$，15，16，……

　　　よって，求める最小の自然数 n は　　$\boldsymbol{n=14}$

◉ 初項 1，公比 2，項数 n の
　等比数列の和

◉ $2^{10}=1024\fallingdotseq1000$ を基に
　$2^{13}=2^{10}\times8\fallingdotseq8000$
　$2^{14}=2^{10}\times16\fallingdotseq16000$
　と見当をつけるとよい

****22**　初項 $\dfrac{1}{4}$，公比2の等比数列について，$S_n<50$ を満たす最大の自然数 n を求めよ。

4 和の記号 Σ

例題 11　Σの定義　　　　　　　　　　　　　　圞23,24

(1)　$\sum_{k=1}^{4}(k^2+1)$ を記号 Σ を用いないで，数列の項の和の形で表せ。

(2)　$1+3+3^2+3^3+3^4+3^5$ を記号 Σ を用いて表せ。

解　(1)　$\sum_{k=1}^{4}(k^2+1)=(1^2+1)+(2^2+1)+(3^2+1)+(4^2+1)$

　　　　　　　　$=2+5+10+17$

(2)　$1+3+3^2+3^3+3^4+3^5=\sum_{k=1}^{6}3^{k-1}$　◀ 初項 1，
　　　　　　　　　　　　　　　　　　　公比 3 の等比数列

和の記号 Σ

$$\sum_{k=1}^{n}a_k=a_1+a_2+a_3+\cdots\cdots+a_n$$

例題 12　Σの計算　　　　　　　　　　　　　　圞26,27

$\sum_{k=1}^{n}(3k+2)$ を計算せよ。

解　$\sum_{k=1}^{n}(3k+2)=3\sum_{k=1}^{n}k+\sum_{k=1}^{n}2$

　　　　　　$=3\times\frac{1}{2}n(n+1)+2n$

　　　　　　$=\frac{1}{2}n\{3(n+1)+4\}$

　　　　　　$=\frac{1}{2}n(3n+7)$

Σの公式

$$\sum_{k=1}^{n}c=cn\ (c\text{ は定数})$$
$$\sum_{k=1}^{n}k=\frac{1}{2}n(n+1)$$
$$\sum_{k=1}^{n}k^2=\frac{1}{6}n(n+1)(2n+1)$$
$$\sum_{k=1}^{n}k^3=\left\{\frac{1}{2}n(n+1)\right\}^2$$

例題 13　いろいろな数列の和(1)　　　　　　　　圞28,30

次の数列の第 k 項 a_k を求め，初項から第 n 項までの和 S_n を求めよ。

(1)　$1\cdot3,\ 2\cdot4,\ 3\cdot5,\ 4\cdot6,\ \cdots\cdots$

(2)　$1,\ 1+2,\ 1+2+4,\ 1+2+4+8,\ \cdots\cdots$

解　(1)　第 k 項は　$a_k=k(k+2)=k^2+2k$　であるから

　　　　$S_n=\sum_{k=1}^{n}(k^2+2k)=\sum_{k=1}^{n}k^2+2\sum_{k=1}^{n}k$

　　　　　　$=\frac{1}{6}n(n+1)(2n+1)+2\cdot\frac{1}{2}n(n+1)$　◀ $\frac{1}{6}n(n+1)$ が共通因数

　　　　　　$=\frac{1}{6}n(n+1)\{(2n+1)+6\}=\frac{1}{6}n(n+1)(2n+7)$

(2)　第 k 項は

　　　$a_k=1+2+2^2+\cdots\cdots+2^{k-1}=\frac{1\cdot(2^k-1)}{2-1}=2^k-1$

であるから

　　　$S_n=\sum_{k=1}^{n}(2^k-1)=\sum_{k=1}^{n}2^k-\sum_{k=1}^{n}1=\frac{2(2^n-1)}{2-1}-n$

　　　　　$=2^{n+1}-n-2$　◀ $\sum_{k=1}^{n}2^k=\sum_{k=1}^{n}2\cdot2^{k-1}$

Σと等比数列の和

初項 a，公比 r，項数 n

$$\sum_{k=1}^{n}ar^{k-1}=\frac{a(1-r^n)}{1-r}$$
$$=\frac{a(r^n-1)}{r-1}$$

エクセル　数列の和 ➡ 第 k 項 a_k を k で表し，Σ の公式を利用

A

23 次の式を記号 $\sum$ を用いないで，数列の項の和の形で表せ。　→例題11

*(1) $\displaystyle\sum_{k=1}^{6}(2k-1)$　　(2) $\displaystyle\sum_{k=1}^{5}2^{k-1}$　　*(3) $\displaystyle\sum_{k=1}^{7}(-1)^k\cdot k$　　(4) $\displaystyle\sum_{k=3}^{8}k^2$

*(**24**) 次の和を，記号 $\sum$ を用いて表せ。　→例題11

(1) $2^2+3^2+4^2+\cdots+11^2$　　(2) $2\cdot3+4\cdot5+6\cdot7+\cdots+100\cdot101$

25 次の数列の初項から第 n 項までの和を記号 $\sum$ を用いて表せ。

(1) $1,\ -3,\ 9,\ -27,\ \cdots$　　(2) $1\cdot2,\ 2\cdot2^2,\ 3\cdot2^3,\ 4\cdot2^4,\ \cdots$

26 次の和を求めよ。　→例題12

(1) $\displaystyle\sum_{k=1}^{12}k$　　(2) $\displaystyle\sum_{k=1}^{n}(2k+3)$　　*(3) $\displaystyle\sum_{k=1}^{n}(3k^2-k)$

*(4) $\displaystyle\sum_{k=1}^{n}k(2k^2-1)$　　*(5) $\displaystyle\sum_{k=1}^{n-1}3k$　　*(6) $\displaystyle\sum_{k=11}^{20}(k^2+1)$

27 次の和を求めよ。　→例題12

(1) $\displaystyle\sum_{k=1}^{n}3\cdot4^{k-1}$　　(2) $\displaystyle\sum_{k=1}^{n}5^{k-1}$　　*(3) $\displaystyle\sum_{k=1}^{n}3^k$　　*(4) $\displaystyle\sum_{k=1}^{n-1}2^{k-1}$

*(**28**) 次の数列の第 k 項 a_k を求め，初項から第 n 項までの和 S_n を求めよ。

(1) $1\cdot3,\ 2\cdot5,\ 3\cdot7,\ 4\cdot9,\ \cdots$　→例題13

(2) $1\cdot2\cdot4,\ 2\cdot3\cdot6,\ 3\cdot4\cdot8,\ \cdots$

B

29 次の和を求めよ。

(1) $\displaystyle\sum_{k=1}^{n}(n+2k)$　　(2) $\displaystyle\sum_{k=n}^{2n}(n+1)$　　*(3) $\displaystyle\sum_{m=1}^{n}\left\{\sum_{k=1}^{m}(k+1)\right\}$

30 次の数列の一般項 a_n を求め，初項から第 n 項までの和 S_n を求めよ。

*(1) $1,\ 1+2,\ 1+2+3,\ 1+2+3+4,\ \cdots$　→例題13

(2) $1,\ 1+3,\ 1+3+9,\ 1+3+9+27,\ \cdots$

(3) $1^2,\ 1^2+3^2,\ 1^2+3^2+5^2,\ 1^2+3^2+5^2+7^2,\ \cdots$

ヒント **29** (1) $(n+2k)$ の n は定数として扱う。　(3) まず $\displaystyle\sum_{k=1}^{m}(k+1)$ を計算する。

5

階差数列／数列の和と一般項

階差数列と一般項　　　　　　　　圞**31,32,33**

次の数列 $\{a_n\}$ の一般項を求めよ。

　　$2,\ 3,\ 6,\ 11,\ 18,\ 27,\ \cdots\cdots$

解　階差数列を $\{b_n\}$ とすると

階差数列

数列 $\{b_n\}$ は初項 1, 公差 2 の等差数列より

$$b_n = 1 + (n-1)\cdot 2 = 2n-1$$

よって, $n \geqq 2$ のとき

数列 $\{a_n\}$ の階差数列を $\{b_n\}$ と
すると

$$a_n = a_1 + \sum_{k=1}^{n-1} b_k \qquad\qquad \text{◉ 階差数列の公式}$$

$$b_n = a_{n+1} - a_n$$

で, $n \geqq 2$ のとき

$$= 2 + \sum_{k=1}^{n-1}(2k-1) \qquad\qquad \text{◉}\ b_k = 2k-1$$

$$a_n = a_1 + (b_1 + b_2 + \cdots\cdots + b_{n-1})$$

$$= 2 + 2\sum_{k=1}^{n-1} k - \sum_{k=1}^{n-1} 1 \qquad\qquad = a_1 + \sum_{k=1}^{n-1} b_k$$

$$= 2 + 2\cdot\frac{1}{2}(n-1)n - (n-1)$$

$$= n^2 - 2n + 3 \qquad\qquad\qquad \text{◉ } n \geqq 2 \text{ のときに限られる}$$

この式は, $n=1$ のときも成り立つ。　　　　◉ $n=1$ のときも確かめる

よって, 一般項は　$a_n = n^2 - 2n + 3$

エクセル　規則性が見えにくい数列 ➡ 階差数列 $\{b_n\}$ を考え $a_n = a_1 + \sum_{k=1}^{n-1} b_k \ (n \geqq 2)$

数列の和と一般項　　　　　　　　　　圞**34**

数列 $\{a_n\}$ の初項から第 n 項までの和が $S_n = 2n^2 + 1$ であるとき,
一般項 a_n を求めよ。

解　$n=1$ のとき　$a_1 = S_1 = 2\cdot 1^2 + 1 = 3$　　　◉ $a_1 = S_1$ の値は初めに求めておく

　　$n \geqq 2$ のとき　$a_n = S_n - S_{n-1}$

$$= (2n^2 + 1) - \{2(n-1)^2 + 1\}$$

$$= 4n - 2 \quad\cdots\cdots\text{①}$$

ここで, ①は $n=1$ のとき　$4\cdot 1 - 2 = 2$　　◉ $a_n = S_n - S_{n-1}\ (n \geqq 2)$ で求めた a_n の式が
となり, $a_1 = 3$ と一致しない。　　　　　　　 $n=1$ のときも成り立つか確かめる

よって　$\begin{cases} a_1 = 3 \\ a_n = 4n - 2 \ (n \geqq 2) \end{cases}$　　　◉ 一致しないのでまとめて表すことはできず,
　　　　　　　　　　　　　　　　　　　　　　 $n=1$ のときと $n \geqq 2$ のときを分けてかく

エクセル　S_n から a_n を求める ➡ $\begin{cases} a_n = S_n - S_{n-1} \ (n \geqq 2) \\ \text{ただし, } n=1 \text{ のときは } a_1 = S_1 \text{ で確かめる} \end{cases}$

A

31 次の数列 $\{a_n\}$ の一般項を求めよ。　　　　　　　↩例題14

*(1)　1, 3, 7, 13, 21, 31, ……　　(2)　3, 6, 11, 18, 27, 38, ……

32 次の数列 $\{a_n\}$ の一般項を求めよ。　　　　　　　↩例題14

*(1)　1, 2, 5, 14, 41, 122, ……　　(2)　-2, 1, 7, 19, 43, 91, ……

33 次の数列 $\{a_n\}$ の一般項を求めよ。　　　　　　　↩例題14

1, 2, 6, 15, 31, 56, ……

34 数列 $\{a_n\}$ の初項から第 n 項までの和 S_n が次のように与えられていると
き，一般項を求めよ。　　　　　　　　　　　　　　　　　↩例題15

*(1)　$S_n = n^2 - 3n$　　　　　　(2)　$S_n = 2n^2 - n + 1$

(3)　$S_n = 2 \cdot 3^n - 2$　　　　　*(4)　$S_n = 2^n + 2n$

B

35 数列 $\{a_n\}$ の初項から第 n 項までの和が $S_n = n^2 - 2n + 3$ であるとき，次
の問いに答えよ。

(1)　この数列の一般項 a_n を求めよ。

(2)　数列 $\{a_n\}$ の奇数番目の項の和 $a_1 + a_3 + a_5 + \cdots\cdots + a_{99}$ を求めよ。

***36** 数列 3, 5, 9, 17, 33, 65, …… について，次の問いに答えよ。

(1)　一般項 a_n を求めよ。

(2)　初項から第 n 項までの和 S_n を求めよ。

37 次の数列 $\{a_n\}$ の一般項を求めよ。

*(1)　1, 3, 8, 18, 35, 61, ……　　(2)　1, 3, 6, 11, 20, 37, ……

38 次の数列 $\{a_n\}$ の一般項を求めよ。

*(1)　60, 30, 20, 15, 12, 10, ……

(2)　$\dfrac{1}{2}$, $\dfrac{1}{3}$, $\dfrac{1}{6}$, $\dfrac{1}{11}$, $\dfrac{1}{18}$, $\dfrac{1}{27}$, ……

ヒント **37**
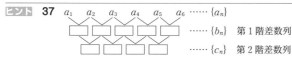

38 各項の逆数がどのような数列であるかを調べる。

数列の和の応用

分数の数列の和(1)

次の数列の初項から第 n 項までの和 S_n を求めよ。

$$\frac{1}{2\cdot 3},\ \frac{1}{3\cdot 4},\ \frac{1}{4\cdot 5},\ \frac{1}{5\cdot 6},\ \cdots\cdots$$

解 第 k 項は $\dfrac{1}{(k+1)(k+2)}=\dfrac{1}{k+1}-\dfrac{1}{k+2}$

であるから　　　　　　　　◉ 部分分数に分ける

$$S_n=\sum_{k=1}^{n}\left(\frac{1}{k+1}-\frac{1}{k+2}\right)$$

$$=\left(\frac{1}{2}-\frac{1}{3}\right)+\left(\frac{1}{3}-\frac{1}{4}\right)+\left(\frac{1}{4}-\frac{1}{5}\right)+\cdots\cdots+\left(\frac{1}{n+1}-\frac{1}{n+2}\right)$$

$$=\frac{1}{2}-\frac{1}{n+2}=\boldsymbol{\frac{n}{2(n+2)}}$$

> **代表的な部分分数**
>
> $$\frac{1}{k(k+1)}=\frac{1}{k}-\frac{1}{k+1}$$
>
> $$\frac{1}{k(k+2)}=\frac{1}{2}\left(\frac{1}{k}-\frac{1}{k+2}\right)$$

エクセル 分数の数列の和 ➡ 部分分数に分ける

39 次の数列の初項から第 n 項までの和 S_n を求めよ。

*(1) $\dfrac{1}{2\cdot 4},\ \dfrac{1}{4\cdot 6},\ \dfrac{1}{6\cdot 8},\ \dfrac{1}{8\cdot 10},\ \cdots$ 　　(2) $\dfrac{1}{2\cdot 5},\ \dfrac{1}{5\cdot 8},\ \dfrac{1}{8\cdot 11},\ \dfrac{1}{11\cdot 14},\ \cdots$

分数の数列の和(2)

次の数列の初項から第 n 項までの和 S_n を求めよ。

$$\frac{1}{\sqrt{1}+\sqrt{3}},\ \frac{1}{\sqrt{3}+\sqrt{5}},\ \frac{1}{\sqrt{5}+\sqrt{7}},\ \cdots\cdots$$

解 第 k 項は $\dfrac{1}{\sqrt{2k-1}+\sqrt{2k+1}}=\dfrac{1}{2}(\sqrt{2k+1}-\sqrt{2k-1})$ であるから　　◉ 分母の有理化

$$S_n=\sum_{k=1}^{n}\frac{1}{2}(\sqrt{2k+1}-\sqrt{2k-1})$$

$$=\frac{1}{2}\{(\sqrt{3}-\sqrt{1})+(\sqrt{5}-\sqrt{3})+(\sqrt{7}-\sqrt{5})+\cdots\cdots+(\sqrt{2n+1}-\sqrt{2n-1})\}$$

$$=\frac{1}{2}(\sqrt{2n+1}-1)$$

エクセル 分数の数列の和(分母が無理数) ➡ 分母を有理化

40 次の数列の初項から第 n 項までの和 S_n を求めよ。

(1) $\dfrac{1}{\sqrt{2}+\sqrt{4}},\ \dfrac{1}{\sqrt{4}+\sqrt{6}},\ \dfrac{1}{\sqrt{6}+\sqrt{8}},\ \cdots\cdots$

*(2) $\dfrac{1}{\sqrt{1}+\sqrt{3}},\ \dfrac{1}{\sqrt{2}+\sqrt{4}},\ \dfrac{1}{\sqrt{3}+\sqrt{5}},\ \cdots\cdots$

Step UP 例題 18　いろいろな数列の和(2)

次の数列の初項から第 n 項までの和 S_n を求めよ。

$$1 \cdot n, \ 2 \cdot (n+1), \ 3 \cdot (n+2), \ 4 \cdot (n+3), \ \cdots\cdots, \ n \cdot \{n+(n-1)\}$$

解 第 k 項は　$k\{n+(k-1)\} = k^2+(n-1)k$　であるから

$$S_n = \sum_{k=1}^{n} \{k^2+(n-1)k\} = \sum_{k=1}^{n} k^2 + (n-1)\sum_{k=1}^{n} k$$

$\circleddash$ $(n-1)$ は $\sum$ の影響を受けないから，定数として扱う

$$= \frac{1}{6} n(n+1)(2n+1) + (n-1) \cdot \frac{1}{2} n(n+1)$$

$$= \frac{1}{6} n(n+1)\{(2n+1)+3(n-1)\} = \frac{1}{6} \boldsymbol{n(n+1)(5n-2)}$$

*41　次の数列の初項から第 n 項までの和 S_n を求めよ。

$$1 \cdot n^2, \ 2 \cdot (n-1)^2, \ 3 \cdot (n-2)^2, \ \cdots\cdots, \ (n-1) \cdot 2^2, \ n \cdot 1^2$$

Step UP 例題 19　(等差)×(等比) 型の数列の和

次の和 S_n を求めよ。

$$S_n = 2x + 4x^3 + 6x^5 + 8x^7 + \cdots\cdots + 2nx^{2n-1}$$

解

$$\begin{array}{r} S_n = 2x + 4x^3 + 6x^5 + \cdots\cdots + 2nx^{2n-1} \\ -)\ x^2 S_n = \quad\quad 2x^3 + 4x^5 + \cdots\cdots + 2(n-1)x^{2n-1} + 2nx^{2n+1} \\ \hline (1-x^2)S_n = 2x + 2x^3 + 2x^5 + \cdots\cdots + 2x^{2n-1} \quad\quad -2nx^{2n+1} \end{array}$$

$\circleddash$ $\underline{\quad\quad}$ は，初項 $2x$，公比 x^2 の等比数列の和

$x \ne \pm 1$ のとき

$\circleddash$ 公比 x^2 について，$x^2 \ne 1$ のときと $x^2 = 1$ のときに分けて考える

$$(1-x^2)S_n = \frac{2x\{1-(x^2)^n\}}{1-x^2} - 2nx^{2n+1}$$

$$= \frac{2x(1-x^{2n}) - (1-x^2) \cdot 2nx^{2n+1}}{1-x^2} = \frac{2x(1-x^{2n}-nx^{2n}+nx^{2n+2})}{1-x^2}$$

よって　$S_n = \dfrac{2x\{1-(n+1)x^{2n}+nx^{2n+2}\}}{(1-x^2)^2}$

$x=1$ のとき

$\circleddash$ $x^2=1$ は，さらに $x=1$ と $x=-1$ に分けて考える

$$S_n = 2+4+6+\cdots\cdots+2n = \sum_{k=1}^{n} 2k = n(n+1)$$

$x=-1$ のとき

$$S_n = -2-4-6-\cdots\cdots-2n = -n(n+1)$$

ゆえに　$x \ne \pm 1$ のとき　$S_n = \dfrac{2x\{1-(n+1)x^{2n}+nx^{2n+2}\}}{(1-x^2)^2}$

$\quad\quad\quad\quad x=1$ のとき　$\quad S_n = \boldsymbol{n(n+1)}$

$\quad\quad\quad\quad x=-1$ のとき　$S_n = \boldsymbol{-n(n+1)}$

*42　次の和 S_n を求めよ。

$$S_n = 1 \cdot 1 + 2 \cdot 2 + 3 \cdot 4 + 4 \cdot 8 + \cdots\cdots + n \cdot 2^{n-1}$$

Step UP

7 群数列

Step UP 例題 20　　**群数列(1)**

正の偶数を　2｜4, 6｜8, 10, 12｜14, 16, 18, 20｜22, 24, ……
のように，第 n 群が n 個の数を含むように分ける。次の問いに答えよ。

(1) 第 n 群の最後の数を求めよ。　　(2) 第 10 群の 3 番目の偶数を求めよ。

(3) 122 は第何群の何番目か。

解 (1)　第 n 群の最後の数までの項数は

$$1+2+3+\cdots\cdots+n=\frac{1}{2}n(n+1)$$

区切りを除いた数列

$$\{a_m\}:2,\ 4,\ 6,\ 8,\ \cdots\cdots$$

の第 m 項を a_m とすると　$a_m=2m$

よって，求める数は　$2\cdot\frac{1}{2}n(n+1)=n^2+n$

    ○ ・｜・, ・｜・, ・, ・｜…｜n 群｜
    $\underline{1,\ \ 2,\ \ \ 3,\ \ \cdots,\ \ n}$（個）
    項数は $\frac{1}{2}n(n+1)$

(2)　第 10 群の 3 番目は $\{a_m\}$ の

$$(1+2+\cdots\cdots+9)+3=48（番目）$$

ここで，$a_m=2m$　より，求める偶数は

$$a_{48}=2\times48=96$$

○ 第 10 群の 3 番目の項は，
区切りを除いた数列の
何番目にあたるかを調べる

(3)　122 が $\{a_m\}$ の第 k 項とすると

$$a_k=2k=122\quad より\quad k=61$$

122 が第 l 群の i 番目とすると

$$1+2+\cdots\cdots+(l-1)<61\leqq1+2+\cdots\cdots+l$$

すなわち

$$\frac{1}{2}l(l-1)<61\leqq\frac{1}{2}l(l+1)$$

これを満たす整数 l は 11 であるから，第 11 群に含まれており

$$i=61-(1+2+\cdots\cdots+10)=6$$

より，**第 11 群の 6 番目である。**

○(1)より，第 9 群の最後の数は
$9^2+9=90$ であるから，第 10 群の
3 番目は 92, 94, 96 と求めてもよい

○ 第 $(l-1)$ 群の最後の数より大きく，
第 l 群の最後の数以下

○ $\frac{l^2}{2}≒61$ となる整数 l を求める

○ 第 10 群の最後の数は，$\{a_m\}$ の第 55 項

エクセル　群数列の第 n 群の i 番目

➡ まず，第 n 群または第 $(n-1)$ 群の終わりまでの項数を求める

➡ 第 n 群の i 番目が，区切りを除いた数列の第何項にあたるか調べる

*43　自然数を次のように第 n 群が 2^{n-1} 個の数を含むように分ける。次の問い
に答えよ。

$$1｜2,\ 3｜4,\ 5,\ 6,\ 7｜8,\ 9,\ 10,\ 11,\ 12,\ 13,\ 14,\ 15｜16,\ 17,\ \cdots\cdots$$

(1) 第 n 群の最初の数を求めよ。　　(2) 500 は第何群の何番目か。

数列　$\dfrac{1}{2}$,　$\dfrac{1}{3}$,　$\dfrac{2}{3}$,　$\dfrac{1}{4}$,　$\dfrac{2}{4}$,　$\dfrac{3}{4}$,　$\dfrac{1}{5}$,　$\dfrac{2}{5}$,　$\dfrac{3}{5}$,　$\dfrac{4}{5}$,　$\dfrac{1}{6}$,　$\dfrac{2}{6}$,　……

について，次の問いに答えよ。

(1)　第 800 項の数を求めよ。　　(2)　初項から第 800 項までの和を求めよ。

解　　$\dfrac{1}{2}\ \bigg|\ \dfrac{1}{3}$,　$\dfrac{2}{3}\ \bigg|\ \dfrac{1}{4}$,　$\dfrac{2}{4}$,　$\dfrac{3}{4}\ \bigg|\ \dfrac{1}{5}$,　……

のように，分母が等しい分数で群に分けると，

第 n 群には $(n+1)$ を分母とする n 個の数が含まれる。

(1)　第 800 項が，第 l 群の m 番目とすると

$$\sum_{k=1}^{l-1}k<800\leqq\sum_{k=1}^{l}k$$

すなわち　$\dfrac{1}{2}l(l-1)<800\leqq\dfrac{1}{2}l(l+1)$

これを満たす整数 l は 40 であるから

$$m=800-\dfrac{1}{2}\cdot40\cdot39=20$$　◉ 第 39 群までに含まれる数を引く

よって，第 40 群の 20 番目の数

すなわち　$\dfrac{20}{41}$

$\dfrac{1}{2}l(l-1)$　第 l 群　$\dfrac{1}{2}l(l+1)$

$\downarrow$　　m 番目　　$\downarrow$

◉ …○|……○……○ ……|……

↑

800 項

$l(l-1)<1600\leqq l(l+1)$ より，

$l^2\fallingdotseq1600$ として，およその値

を求めると　$l=40$

(2)　第 n 群の項はすべて分母が $n+1$ であるから，第 n 群に含まれる数の和は

$$\dfrac{1}{n+1}(1+2+3+\cdots\cdots+n)=\dfrac{1}{n+1}\cdot\dfrac{1}{2}n(n+1)=\dfrac{n}{2}$$

(1)より，第 800 項は第 40 群の 20 番目であるから，

求める和は，第 39 群までの数をすべて加え，さらに

第 40 群の 1 番目の数 $\dfrac{1}{41}$ から 20 番目の数 $\dfrac{20}{41}$ までを加えたものである。

よって

$$\sum_{k=1}^{39}\dfrac{k}{2}+\left(\dfrac{1}{41}+\dfrac{2}{41}+\cdots\cdots+\dfrac{20}{41}\right)=\dfrac{1}{2}\cdot\sum_{k=1}^{39}k+\dfrac{1}{41}(1+2+\cdots\cdots+20)$$

$$=\dfrac{1}{2}\cdot\dfrac{1}{2}\cdot39\cdot40+\dfrac{1}{41}\cdot\dfrac{1}{2}\cdot20\cdot21$$

$$=390+\dfrac{210}{41}=\dfrac{16200}{41}$$

*44　数列　$\dfrac{1}{2}$,　$\dfrac{1}{4}$,　$\dfrac{3}{4}$,　$\dfrac{1}{6}$,　$\dfrac{3}{6}$,　$\dfrac{5}{6}$,　$\dfrac{1}{8}$,　$\dfrac{3}{8}$,　$\dfrac{5}{8}$,　$\dfrac{7}{8}$,　$\dfrac{1}{10}$,　$\dfrac{3}{10}$,　……

について，次の問いに答えよ。

(1)　$\dfrac{7}{30}$ は第何項か求めよ。　　(2)　初項から $\dfrac{7}{30}$ までの和を求めよ。

8 漸化式

例題 22 等差・等比数列と漸化式　　　　　　　　　　類**45,46,47**

数列 $\{a_n\}$ において，次の関係があるとき，この数列はどのような数列か。また，その第 n 項を n の式で表せ。

(1) $a_1=3$, $a_{n+1}=a_n+2$ 　　　　　　　　(2) $a_1=1$, $a_{n+1}=3a_n$

解 (1) 初項 3，公差 2 の等差数列

$a_n=3+(n-1)\cdot2=2n+1$

(2) 初項 1，公比 3 の等比数列

$a_n=1\cdot3^{n-1}=3^{n-1}$

> **等差・等比数列と漸化式**
> 初項 a，公差 d の等差数列
> $a_1=a$, $a_{n+1}=a_n+d$
> 初項 a，公比 r の等比数列
> $a_1=a$, $a_{n+1}=ra_n$

エクセル a_n と a_{n+1} との関係 ➡ $a_{n+1}=a_n+d$ は等差数列，$a_{n+1}=ra_n$ は等比数列

例題 23 2項間の漸化式 $a_{n+1}=a_n+f(n)$　　　　類**45,46,47**

次の式で定められる数列 $\{a_n\}$ の一般項を求めよ。

$a_1=3$, $a_{n+1}=a_n-2n$ $(n=1, 2, 3, \cdots\cdots)$

解 $a_{n+1}-a_n=-2n$ と変形できる。

数列 $\{a_n\}$ の階差数列 $\{b_n\}$ は $b_n=-2n$ である。

よって，$n\geqq2$ のとき

$a_n=a_1+\sum_{k=1}^{n-1}b_k=3+\sum_{k=1}^{n-1}(-2k)$

$=3-2\cdot\dfrac{1}{2}(n-1)n$

$=-n^2+n+3$ （$n=1$ のときも成り立つ）

ゆえに $a_n=-n^2+n+3$

> $a_{n+1}-a_n=f(n)$ のとき
> $a_n-a_{n-1}=f(n-1)$
> $a_{n-1}-a_{n-2}=f(n-2)$
> $\vdots$ $\vdots$
> $a_3-a_2=f(2)$
> $+)\ a_2-a_1=f(1)$
> $a_n-a_1=\sum_{k=1}^{n-1}f(k)$
> よって $a_n=a_1+\sum_{k=1}^{n-1}f(k)$

エクセル $a_{n+1}=a_n+f(n)$ の漸化式 ➡ $n\geqq2$ のとき $a_n=a_1+\sum_{k=1}^{n-1}f(k)$

例題 24 2項間の漸化式 $a_{n+1}=pa_n+q$ $(p\neq1)$　　　類**48**

次の式で定められる数列 $\{a_n\}$ の一般項を求めよ。

$a_1=1$, $a_{n+1}=2a_n-3$ $(n=1, 2, 3, \cdots\cdots)$

解 $a_{n+1}-3=2(a_n-3)$ と変形できる。

$b_n=a_n-3$ とおくと $b_{n+1}=2b_n$

数列 $\{b_n\}$ は，初項 $b_1=a_1-3=-2$，公比 2 の等比数列

よって $b_n=-2\cdot2^{n-1}=-2^n$ より $a_n-3=-2^n$

ゆえに $a_n=-2^n+3$

> $a_{n+1}-\alpha=p(a_n-\alpha)$ の形に変形するための α の求め方
> $a_{n+1}=2a_n-3$
> $\downarrow$ $\downarrow$
> $\alpha=2\alpha-3$
> よって $\alpha=3$
> （a_{n+1} と a_n を形式的に α とおいて求める）

エクセル $a_{n+1}=pa_n+q$ $(p\neq1)$ の漸化式 ➡ $a_{n+1}-\alpha=p(a_n-\alpha)$ と変形

■以後，断りがない場合は，漸化式は $n=1, 2, 3, \cdots\cdots$ で成り立つものとする。

A

45 次の式で定められる数列 $\{a_n\}$ の a_2, a_3, a_4, a_5 を求めよ。　↩ 例題22,23

*(1) $a_1=1$, $a_{n+1}=a_n+3$　　　　　(2) $a_1=3$, $a_{n+1}=-2a_n$

*(3) $a_1=2$, $a_{n+1}=2a_n-1$　　　　(4) $a_1=1$, $a_{n+1}=3a_n-n$

46 次の数列の第 n 項 a_n と第 $(n+1)$ 項 a_{n+1} との関係式をかけ。　↩ 例題22,23

*(1) $2, 5, 8, 11, 14, \cdots\cdots$　　(2) $1, 3, 9, 27, 81, \cdots\cdots$

*(3) $1, 2, 4, 7, 11, \cdots\cdots$　　(4) $1, 2, 6, 15, 31, \cdots\cdots$

*47 次の式で定められる数列 $\{a_n\}$ の一般項を求めよ。　↩ 例題22,23

(1) $a_1=4$, $a_{n+1}-a_n=-3$　　　(2) $a_1=3$, $a_{n+1}=5a_n$

(3) $a_1=2$, $a_{n+1}-a_n=4n-2$　　(4) $a_1=1$, $a_{n+1}-a_n=2^n$

B

48 次の式で定められる数列 $\{a_n\}$ の一般項を求めよ。　↩ 例題24

*(1) $a_1=1$, $a_{n+1}=2a_n+4$　　　　(2) $a_1=2$, $a_{n+1}=4a_n+3$

*(3) $a_1=-1$, $a_{n+1}=-a_n+8$　　　(4) $a_1=3$, $a_{n+1}=\dfrac{1}{2}a_n+1$

(5) $a_1=2$, $a_{n+1}=5a_n-3$　　　　*(6) $a_1=-1$, $a_{n+1}+3a_n=1$

*49 次の式で定められる数列 $\{a_n\}$ の一般項を求めよ。

$$a_1=1, \quad a_{n+1}-a_n=\frac{1}{n(n+1)}$$

50 $a_1=\dfrac{1}{3}$, $a_{n+1}=\dfrac{n+1}{n+2}a_n$ で定められる数列 $\{a_n\}$ について，次の問いに答えよ。

(1) $b_n=(n+1)a_n$ とおいたとき，b_{n+1} を b_n の式で表せ。また，b_1 の値を求めよ。

(2) 数列 $\{b_n\}$ の一般項を求め，数列 $\{a_n\}$ の一般項を求めよ。

ヒント **49** $\displaystyle\sum_{k=1}^{n-1}\frac{1}{k(k+1)}$ の求め方は，Step Up 例題16 を参照。

いろいろな漸化式

Step UP 例題 25 2項間の漸化式 $a_{n+1}=pa_n+r^n$ $(p \neq 1)$

$a_1=3$, $a_{n+1}=3a_n+3^n$ で定められる数列 $\{a_n\}$ の一般項を求めよ。

解 漸化式の両辺を 3^{n+1} で割ると $\dfrac{a_{n+1}}{3^{n+1}}=\dfrac{a_n}{3^n}+\dfrac{1}{3}$

ここで, $\dfrac{a_n}{3^n}=b_n$ とおくと $b_{n+1}=b_n+\dfrac{1}{3}$

よって, 数列 $\{b_n\}$ は, 初項 $b_1=\dfrac{a_1}{3}=1$, 公差 $\dfrac{1}{3}$ の等差数列である。

ゆえに $b_n=1+(n-1)\cdot\dfrac{1}{3}=(n+2)\cdot\dfrac{1}{3}$

したがって $\boldsymbol{a_n}=b_n\cdot 3^n=(n+2)\cdot\dfrac{1}{3}\cdot 3^n=\boldsymbol{(n+2)\cdot 3^{n-1}}$

エクセル $a_{n+1}=pa_n+r^n$ $(p\neq 1)$ ➡ 両辺を r^{n+1} で割り, $\dfrac{a_n}{r^n}=b_n$ とおく

---

51 $a_1=2$, $a_{n+1}=2a_n+2^n$ で定められる数列 $\{a_n\}$ の一般項を求めよ。

Step UP 例題 26 2項間の漸化式 $a_{n+1}=\dfrac{a_n}{pa_n+q}$

$a_1=1$, $a_{n+1}=\dfrac{a_n}{a_n+2}$ で定められる数列 $\{a_n\}$ の一般項を求めよ。

解 $a_1=1>0$ であるから, 任意の自然数 n について $a_n>0$ ◉ 逆数をとれる条件
                                                                (分母)$\neq 0$ を確認

よって, 両辺の逆数をとると $\dfrac{1}{a_{n+1}}=\dfrac{a_n+2}{a_n}=1+\dfrac{2}{a_n}$

ここで, $\dfrac{1}{a_n}=b_n$ とおくと $b_{n+1}=2b_n+1$ ◉ 隣接2項間の漸化式の変形

これは, $b_{n+1}+1=2(b_n+1)$ と変形できる。

$c_n=b_n+1$ とおくと $c_n=2c_n$ であるから,

数列 $\{c_n\}$ は, 初項 $b_1+1=\dfrac{1}{a_1}+1=2$, 公比2の等比数列である。

ゆえに $c_n=2^n$ すなわち $b_n+1=2^n$ より $b_n=2^n-1$

したがって $\boldsymbol{a_n}=\dfrac{1}{b_n}=\dfrac{1}{\boldsymbol{2^n-1}}$

エクセル $a_{n+1}=\dfrac{a_n}{pa_n+q}$ ➡ 両辺の逆数をとり, $\dfrac{1}{a_n}=b_n$ とおく

---

52 $a_1=2$, $a_{n+1}=\dfrac{a_n}{a_n+3}$ で定められる数列 $\{a_n\}$ の一般項を求めよ。

Step UP 例題27 **2項間の漸化式** $a_{n+1}=pa_n+qn+r$ $(p\neq1)$

$a_1=1$, $a_{n+1}=2a_n+n$ で定められる数列 $\{a_n\}$ について，次の問いに答えよ。

(1) $b_n=a_{n+1}-a_n$ とおいたとき，b_{n+1} を b_n の式で表せ。また，b_1 の値を求めよ。

(2) 数列 $\{b_n\}$ の一般項を求めよ。　(3) 数列 $\{a_n\}$ の一般項を求めよ。

解 (1)
$$a_{n+2}=2a_{n+1}+n+1$$　◯ 与えられた漸化式の n を $n+1$ にしたもの
$$-\underline{)\ a_{n+1}=2a_n\ \ +n}$$　◯ 与えられた漸化式
$$a_{n+2}-a_{n+1}=2(a_{n+1}-a_n)+1$$　◯ それらの差をとる

$b_n=a_{n+1}-a_n$ とおくと　$b_{n+1}=a_{n+2}-a_{n+1}$

よって　$b_{n+1}=2b_n+1$　◯ $b_{n+1}=pb_n+q$ の形になる

また　$b_1=a_2-a_1=2a_1+1-a_1=2$

(2) $b_{n+1}=2b_n+1$　より　$b_{n+1}+1=2(b_n+1)$　◯ $b_{n+1}=2b_n+1$
　　　　　　　　　　　　　　　　　　　　　　　　　　特性方程式の解は
ここで，$c_n=b_n+1$ とおくと　$c_{n+1}=2c_n$　　$\alpha=2\alpha+1$ より $\alpha=-1$

よって，数列 $\{c_n\}$ は，

　　初項 $c_1=b_1+1=3$，公比 2

の等比数列である。

ゆえに　$c_n=3\cdot2^{n-1}$　すなわち　$b_n+1=3\cdot2^{n-1}$

したがって　$b_n=3\cdot2^{n-1}-1$

(3) (2)より　$a_{n+1}-a_n=3\cdot2^{n-1}-1$　◯ $b_n=a_{n+1}-a_n$ であるから
　　　　　　　　　　　　　　　　　　　　　　　　　　数列 $\{b_n\}$ は $\{a_n\}$ の
$n\geqq2$ のとき　　　　　　　　　　　　　　　　　階差数列である

$$a_n=a_1+\sum_{k=1}^{n-1}(3\cdot2^{k-1}-1)$$

$$=1+\frac{3(2^{n-1}-1)}{2-1}-(n-1)$$

$$=3\cdot2^{n-1}-n-1 \quad (n=1\ \text{のときも成り立つ。})$$

よって　$a_n=3\cdot2^{n-1}-n-1$

エクセル $a_{n+1}=pa_n+qn+r$ $(p\neq1)$ ➡ $a_{n+2}=pa_{n+1}+q(n+1)+r$ との両辺の差をとり，$a_{n+1}-a_n=b_n$ とおく

53 $a_1=1$, $a_{n+1}=3a_n+2n-1$ で定められる数列 $\{a_n\}$ の一般項を求めよ。

54 $a_1=1$, $a_{n+1}=2a_n+n-1$ で定められる数列 $\{a_n\}$ について，次の問いに答えよ。

(1) $b_n=a_n+n$ とおくとき，数列 $\{b_n\}$ の一般項を求めよ。

(2) 数列 $\{a_n\}$ の一般項を求めよ。

ヒント **53** まず $a_{n+2}=3a_{n+1}+2(n+1)-1$ と与えられた漸化式との両辺の差をつくる。

Step UP 例題28　数列の和 S_n と漸化式

数列 $\{a_n\}$ において，初項から第 n 項までの和を S_n とすると，
$S_n+2a_n=6$ が成り立っている。このとき，次の問いに答えよ。
(1)　$n \geqq 2$ のとき，a_n と a_{n-1} との関係を求めよ。　　(2)　a_n を n の式で表せ。

解　(1)　$S_n=6-2a_n$ であるから，$n \geqq 2$ のとき

$$a_n=S_n-S_{n-1}=(6-2a_n)-(6-2a_{n-1})=-2a_n+2a_{n-1}$$

よって　$3a_n-2a_{n-1}=0$

(2)　$n=1$ のとき　$S_1+2a_1=6$

$S_1=a_1$ より　$a_1+2a_1=6$　　よって　$a_1=2$

(1)より，$n \geqq 2$ のとき　$a_n=\dfrac{2}{3}a_{n-1}$ であるから，

数列 $\{a_n\}$ は，初項 $a_1=2$，公比 $\dfrac{2}{3}$ の等比数列である。

ゆえに　$a_n=2 \cdot \left(\dfrac{2}{3}\right)^{n-1}$

-----

*55　数列 $\{a_n\}$ において，初項から第 n 項までの和を S_n とすると，
$S_n=2-3a_n$ が成り立っている。このとき，数列 $\{a_n\}$ の一般項を求めよ。

Step UP 例題29　3項間の漸化式

次の式で定められる数列 $\{a_n\}$ の一般項を求めよ。
$$a_1=0,\ a_2=3,\ a_{n+2}+a_{n+1}-2a_n=0$$

解　$a_{n+2}-a_{n+1}=-2(a_{n+1}-a_n)$ と変形できる。　　　◎特性方程式 $t^2+t-2=0$

ここで，$a_{n+1}-a_n=b_n$ とおくと　$b_{n+1}=-2b_n$　　　の解 $t=1,\ -2$ を利用

また　$b_1=a_2-a_1=3-0=3$

よって，数列 $\{b_n\}$ は初項 3，公比 -2 の等比数列

であるから　$b_n=3 \cdot (-2)^{n-1}$　すなわち　$a_{n+1}-a_n=3 \cdot (-2)^{n-1}$

$n \geqq 2$ のとき　$a_n=0+\sum\limits_{k=1}^{n-1}\{3 \cdot (-2)^{k-1}\}=3 \cdot \dfrac{1-(-2)^{n-1}}{1-(-2)}$

$$=1-(-2)^{n-1}\quad (n=1 \text{ のときも成り立つ})$$

ゆえに　$a_n=1-(-2)^{n-1}$

エクセル　$a_{n+2}+pa_{n+1}+qa_n=0$ ➡ $t^2+pt+q=0$ の解 $t=\alpha,\ \beta$ から
$a_{n+2}-\alpha a_{n+1}=\beta(a_{n+1}-\alpha a_n)$

56　次の式で定められる数列 $\{a_n\}$ の一般項を求めよ。
$$a_1=1,\ a_2=5,\ a_{n+2}-4a_{n+1}+3a_n=0$$

Step UP 例題30 確率と漸化式

1, 2, 3 を 1 つずつかいた 3 枚のカードから 1 枚を取り出し，戻してからまた 1 枚を取り出すという操作を n 回繰り返すとき，取り出したカードの数字の和が奇数である確率を P_n とする。このとき，次の問いに答えよ。

(1) P_{n+1} を P_n で表せ。　　　　(2) P_n を求めよ。

解 (1) $(n+1)$ 回目までの数字の和が奇数であるのは，次の(i)，(ii)のときである。

　(i) n 回目までの数字の和が奇数で，

　　$(n+1)$ 回目に偶数のカードを取り出す。

　(ii) n 回目までの数字の和が偶数で，

　　$(n+1)$ 回目に奇数のカードを取り出す。

　n 回目までの数字の和が奇数である確率が P_n であるから，

　和が偶数である確率は $1-P_n$ と表せる。　　◉ 和が奇数である事象の余事象の確率

　よって　$\boldsymbol{P_{n+1}} = P_n \times \dfrac{1}{3} + (1-P_n) \times \dfrac{2}{3}$　　◉ 1回の操作で偶数が出る確率は $\dfrac{1}{3}$

　　　　　奇数が出る確率は $\dfrac{2}{3}$

　　　　　$= -\dfrac{1}{3}\boldsymbol{P_n} + \dfrac{2}{3}$

	n 回目までの和	$(n+1)$ 回目に	
(i)	奇数 (確率 P_n) $\longrightarrow$	偶数 $\left(確率 \ \dfrac{1}{3}\right) \longrightarrow$	$P_n \times \dfrac{1}{3}$
(ii)	偶数 (確率 $1-P_n$) $\longrightarrow$	奇数 $\left(確率 \ \dfrac{2}{3}\right) \longrightarrow$	$(1-P_n) \times \dfrac{2}{3}$

$\rangle P_{n+1}$

(2) (1)より　$P_{n+1} - \dfrac{1}{2} = -\dfrac{1}{3}\left(P_n - \dfrac{1}{2}\right)$　　◉ 特性方程式の解は

　　　$\alpha = -\dfrac{1}{3}\alpha + \dfrac{2}{3}$ より

数列 $\left\{P_n - \dfrac{1}{2}\right\}$ は，初項 $P_1 - \dfrac{1}{2} = \dfrac{2}{3} - \dfrac{1}{2} = \dfrac{1}{6}$，　　$\alpha = \dfrac{1}{2}$

公比 $-\dfrac{1}{3}$ の等比数列であるから

$$P_n - \dfrac{1}{2} = \dfrac{1}{6}\left(-\dfrac{1}{3}\right)^{n-1} = -\dfrac{1}{2}\left(-\dfrac{1}{3}\right)^n$$

よって　$\boldsymbol{P_n = \dfrac{1}{2}\left\{1 - \left(-\dfrac{1}{3}\right)^n\right\}}$

エクセル $(n+1)$ 回後の確率 P_{n+1} は

　➡ n 回後の確率 P_n とその余事象の確率 $1-P_n$ で表すことを考える

---

*57　1, 2, 3, 4, 5 を 1 つずつかいた 5 枚のカードから 1 枚を取り出し，戻してからまた 1 枚を取り出すという操作を n 回繰り返すとき，取り出したカードの数字の和が偶数である確率を P_n とする。このとき，次の問いに答えよ。

(1) P_{n+1} を P_n で表せ。　　　　(2) P_n を求めよ。

11 数学的帰納法

例題31 **数学的帰納法による等式の証明** 類**58,61**

　n が自然数のとき，等式　$2+4+6+8+\cdots+2n=n(n+1)$ ……①
を数学的帰納法によって証明せよ。

証明 （I）　$n=1$ のとき

　　　　　(左辺)$=2$，(右辺)$=1\cdot 2=2$

　　　　よって，$n=1$ のとき，①が成り立つ。

　　（II）　$n=k$ のとき，①が成り立つと仮定すると

　　　　　$2+4+6+\cdots+2k=k(k+1)$ ……②

　　　　$n=k+1$ のとき，①の左辺を，②を用いて
変形すると

　　　　　(左辺)$=2+4+6+\cdots+2k+2(k+1)$

　　　　　　　　$=k(k+1)+2(k+1)$

　　　　　　　　$=(k+1)\{(k+1)+1\}=$(右辺)

　　　　よって，$n=k+1$ のときも①が成り立つ。

　（I），（II）より，①はすべての自然数 n について成り立つ。**終**

> **数学的帰納法**
>
> （I）　$n=1$のとき，成り立つ
> 　　ことを示す。
> （II）　$n=k$（k は自然数）のと
> 　　き，成り立つと仮定すると
> 　　$n=k+1$のときも成り立つ
> 　　ことを示す。
> （I），（II）より，すべての自然数
> で成り立つ。

◖ $n=k+1$ のときの①の左辺を

◖ ②を用いて変形して

◖ $n=k+1$ のときの①の右辺を導く

エクセル 数学的帰納法による証明

　　➡ $n=k$ のときの式を使って，$n=k+1$ のときの式を示す

例題32 **数学的帰納法による不等式の証明** 類**59,63**

　$h>0$，n が 2 以上の自然数のとき，不等式　$(1+h)^n>1+nh$ ……①
を数学的帰納法によって証明せよ。

証明 （I）　$n=2$ のとき　　(左辺)$=(1+h)^2=1+2h+h^2$，(右辺)$=1+2h$

　　　　　$h^2>0$ より，$1+2h+h^2>1+2h$ であるから　(左辺)$>$(右辺)

　　　　よって，$n=2$ のとき，①が成り立つ。

　　（II）　$k\geqq 2$ として，$n=k$ のとき，①が成り立つと仮定すると

　　　　　$(1+h)^k>1+kh$

　　　　両辺に $1+h$ を掛けると　$(1+h)^{k+1}>(1+kh)(1+h)$ ……②

　　　　ここで

　　　　　$(1+kh)(1+h)-\{1+(k+1)h\}$

　　　　$=1+(k+1)h+kh^2-1-(k+1)h=kh^2>0$ より

　　　　　$(1+kh)(1+h)>1+(k+1)h$ ……③

　　　　②，③より　$(1+h)^{k+1}>1+(k+1)h$

　　　　よって，$n=k+1$ のときも①が成り立つ。

◖ ($n=k+1$ のときの①の左辺)$>$

◖ $\underline{}-$($n=k+1$ のときの①の右辺)

◖ $\underline{}>$($n=k+1$ のときの①の右辺)

◖ ①で $n=k+1$ とおいたときの式
　(左辺)$>\underline{}>$(右辺)

　（I），（II）より，①は 2 以上のすべての自然数 n について成り立つ。**終**

58 n が自然数のとき，次の等式を数学的帰納法によって証明せよ。　　→ 例題31

*(1) $2+5+8+\cdots\cdots+(3n-1)=\dfrac{n(3n+1)}{2}$

(2) $1+3+3^2+\cdots\cdots+3^{n-1}=\dfrac{3^n-1}{2}$

59 n が自然数のとき，次の不等式を数学的帰納法によって証明せよ。

*(1) $1+2+3+\cdots\cdots+n\leqq n^2$ 　　(2) $3^n>n^2+n$ 　　→ 例題32

60 n が自然数のとき，n^3+2n は 3 の倍数であることを数学的帰納法によって証明せよ。

B

*61 n が 2 以上の自然数のとき，次の等式を数学的帰納法によって証明せよ。　　→ 例題31

$$\left(1+\frac{1}{2}\right)\left(1+\frac{1}{3}\right)\left(1+\frac{1}{4}\right)\cdots\cdots\left(1+\frac{1}{n}\right)=\frac{n+1}{2}$$

62 n が自然数のとき，次の等式を数学的帰納法によって証明せよ。

$$(n+1)(n+2)(n+3)\cdots\cdots(2n)=2^n\cdot1\cdot3\cdot5\cdot\cdots\cdots\cdot(2n-1)$$

63 n が 2 以上の自然数のとき，次の不等式を数学的帰納法によって証明せよ。　　→ 例題32

$$\frac{1}{1^2}+\frac{1}{2^2}+\frac{1}{3^2}+\cdots\cdots+\frac{1}{n^2}<2-\frac{1}{n}$$

64 n が自然数のとき，$10^{2n-1}+1$ は 11 の倍数であることを数学的帰納法によって証明せよ。

65 $a_1=3$，$a_n{}^2=(n+1)a_{n+1}+1$ で定められる数列 $\{a_n\}$ について，次の問いに答えよ。

(1) a_2，a_3，a_4 を求めよ。

(2) a_n を推定し，それが正しいことを数学的帰納法によって証明せよ。

ヒント　**60** $n=k$ のとき成り立つと仮定すると，$k^3+2k=3N$ （N は自然数）とおける。

64 $n=k$ のとき成り立つと仮定すると，$10^{2k-1}+1=11N$ （N は自然数）とおける。

12 確率変数の期待値・分散・標準偏差

例題 33 **確率分布** 閱**66,70**

袋の中に赤球 2 個，白球 3 個が入っている。この中から，同時に 3 個の球を取り出したときの白球の個数を X とする。このとき，次の問いに答えよ。

(1) X の確率分布を求めよ。　　　　(2) $P(2 \leq X \leq 3)$ を求めよ。

解 (1) $P(X=k)=\dfrac{{}_3C_k \times {}_2C_{3-k}}{{}_5C_3}$ $(k=1, 2, 3)$　より

　　　　⟲ 赤球が 2 個なので，最低 1 個は白球が取り出される

X	1	2	3	計
P	$\dfrac{3}{10}$	$\dfrac{6}{10}$	$\dfrac{1}{10}$	1

　　　　⟲ 確率の和は，全事象の確率となるので，1 となる

(2) $P(2 \leq X \leq 3) = P(X=2) + P(X=3)$

$$= \frac{6}{10} + \frac{1}{10} = \frac{7}{10}$$

例題 34 **確率変数の期待値・分散・標準偏差** 閱**67,68**

1 枚の硬貨を 4 回投げて，表の出る回数から裏の出る回数を引いた数を X で表すとき，確率変数 X の期待値，分散，標準偏差を求めよ。

解 表が k 回，裏が $(4-k)$ 回出たとき，

$X = k-(4-k) = 2k-4$　より

表(回)	0	1	2	3	4
裏(回)	4	3	2	1	0
X	-4	-2	0	2	4

$P(X=2k-4) = {}_4C_k \left(\dfrac{1}{2}\right)^4$ $(k=0, 1, 2, 3, 4)$　⟲ ${}_4C_k \left(\dfrac{1}{2}\right)^k \left(\dfrac{1}{2}\right)^{4-k}$

であるから，確率分布は

X	-4	-2	0	2	4	計
P	$\dfrac{1}{16}$	$\dfrac{4}{16}$	$\dfrac{6}{16}$	$\dfrac{4}{16}$	$\dfrac{1}{16}$	1

よって，期待値を $E(X)$，分散を $V(X)$，標準偏差を $\sigma(X)$ とすると

$$E(X) = -4 \times \frac{1}{16} - 2 \times \frac{4}{16} + 0 \times \frac{6}{16} + 2 \times \frac{4}{16} + 4 \times \frac{1}{16} = \mathbf{0}$$

$$V(X) = E(X^2) - \{E(X)\}^2$$

$$= (-4)^2 \times \frac{1}{16} + (-2)^2 \times \frac{4}{16}$$

$$+ 0^2 \times \frac{6}{16} + 2^2 \times \frac{4}{16} + 4^2 \times \frac{1}{16} - 0^2$$

$$= \mathbf{4}$$

$$\sigma(X) = \sqrt{V(X)} = \sqrt{4} = \mathbf{2}$$

> **期待値・分散・標準偏差**
> $E(X) = \sum\limits_{k=1}^{n} x_k p_k$
> $V(X) = E(X^2) - \{E(X)\}^2$
> $\sigma(X) = \sqrt{V(X)}$

*66 7枚の硬貨を同時に投げる試行において，表の出る枚数と裏の出る枚数の差を X とする。このとき，次の問いに答えよ。 ↩ 例題33
(1) X の確率分布を求めよ。　　(2) $P(X \geqq 3)$ を求めよ。

*67 1個のさいころを投げる試行において，出た目の正の約数の個数を X とするとき，確率変数 X の期待値，分散，標準偏差を求めよ。 ↩ 例題34

*68 袋の中に赤球2個，白球3個が入っている。この中から，同時に3個の球を取り出したときの赤球の個数を X とするとき，確率変数 X の期待値，分散，標準偏差を求めよ。 ↩ 例題34

69 確率変数 X の確率分布が右の表のように与えられている。このとき，X の期待値が2となるように a，b の値を定め，分散と標準偏差を求めよ。

X	1	2	3	4	計
P	a	a	b	b	1

*70 2個のさいころを同時に投げて，出た目の和を4で割ったときの余りを X とする。このとき，次の問いに答えよ。 ↩ 例題33
(1) X の確率分布を求めよ。　　(2) $P(0 \leqq X \leqq 1)$ を求めよ。

71 1から5までの整数を1つずつかいた5枚のカードの中から同時に3枚を取り出すとき，カードにかかれた数の最小値 X の期待値，分散，標準偏差を求めよ。

72 数1がかかれた球が2個，数2がかかれた球が2個，数4がかかれた球が1個ある。この5個の球をつぼの中に入れて，無作為に2個同時に取り出し，それらにかかれている数の和を X とする。このとき，確率変数 X の期待値と分散，標準偏差を求めよ。

73 1個のさいころを2回投げる試行において，出た目の最大値を X とする。このとき，確率変数 X の期待値と分散を求めよ。

ヒント 70 出た目の和を，余り 0，1，2，3 に分類する。
73 $X = k$ $(k \geqq 2)$ のとき $P(X = k) = P(X \leqq k) - P(X \leqq k-1)$

2章 確率分布と統計的な推測

例題35 $aX+b$ の期待値・分散 　類75

赤球2個，白球4個が入っている袋から2個の球を同時に取り出す。このとき，赤球1個につき6点，白球1個につき -3 点の得点とする。得点の期待値，分散を求めよ。

解 赤球の出る個数を X，得点を Y とすると

$$Y=6X-3(2-X)=9X-6 \quad (X=0, \ 1, \ 2)$$

X の確率分布は $P(X=k)=\dfrac{{}_2C_k \times {}_4C_{2-k}}{{}_6C_2}$ より

X	0	1	2	計
P	$\dfrac{6}{15}$	$\dfrac{8}{15}$	$\dfrac{1}{15}$	1

$$E(X)=0\times\frac{6}{15}+1\times\frac{8}{15}+2\times\frac{1}{15}=\frac{2}{3}$$

$$V(X)=0^2\times\frac{6}{15}+1^2\times\frac{8}{15}+2^2\times\frac{1}{15}-\left(\frac{2}{3}\right)^2=\frac{16}{45}$$

よって，求める期待値と分散は

$$E(Y)=E(9X-6)=9E(X)-6=9\times\frac{2}{3}-6=\mathbf{0}$$

$$V(Y)=V(9X-6)=9^2V(X)=9^2\times\frac{16}{45}=\mathbf{\frac{144}{5}}$$

> **$aX+b$ の期待値・分散・標準偏差**
>
> $E(aX+b)=aE(X)+b$
> $V(aX+b)=a^2V(X)$
> $\sigma(aX+b)=|a|\sigma(X)$

例題36 確率変数の和の期待値と分散・積の期待値 　類76

1個のさいころを2回投げるとき，次の問いに答えよ。

(1) 出る目の和の期待値と分散を求めよ。 　(2) 出る目の積の期待値を求めよ。

解 (1) 1回目に出る目を X，2回目に出る目を Y とすると，X，Y は互いに独立で，1から6までの値を等確率 $\dfrac{1}{6}$ でとるから

$$E(X)=E(Y)=(1+2+3+4+5+6)\times\frac{1}{6}=\frac{7}{2}$$

$$V(X)=V(Y)=(1^2+2^2+3^2+4^2+5^2+6^2)\times\frac{1}{6}-\left(\frac{7}{2}\right)^2=\frac{35}{12}$$

よって，和の期待値と分散は

$$E(X+Y)=E(X)+E(Y)=2E(X)=\mathbf{7}$$

$$V(X+Y)=V(X)+V(Y)=2V(X)=\mathbf{\frac{35}{6}}$$

(2) X，Y は独立であるから，積の期待値は

$$E(XY)=E(X)E(Y)=\{E(X)\}^2=\left(\frac{7}{2}\right)^2=\mathbf{\frac{49}{4}}$$

○ 和 $Z=X+Y$ の確率分布を利用すると

Z	2	3	4	5	⋯	10	11	12	計
P	$\dfrac{1}{36}$	$\dfrac{2}{36}$	$\dfrac{3}{36}$	$\dfrac{4}{36}$	⋯	$\dfrac{3}{36}$	$\dfrac{2}{36}$	$\dfrac{1}{36}$	1

より

$$E(Z)=2\times\frac{1}{36}+3\times\frac{2}{36}+\cdots+12\times\frac{1}{36}$$
$$=7 \quad となる$$

エクセル 確率変数 X，Y について ➡ $E(X+Y)=E(X)+E(Y)$

　　　　　確率変数 X，Y が互いに独立ならば

　　　　　　　　➡ $V(X+Y)=V(X)+V(Y)$，$E(XY)=E(X)E(Y)$

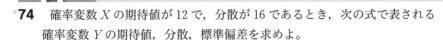

74 確率変数 X の期待値が 12 で，分散が 16 であるとき，次の式で表される確率変数 Y の期待値，分散，標準偏差を求めよ。

(1) $Y=3X+10$ (2) $Y=\dfrac{1}{3}X$ (3) $Y=\dfrac{5-X}{2}$

75 確率変数 X の確率分布が右の表で与えられている。次の問いに答えよ。 ← 例題35

(1) 確率変数 X の期待値 $E(X)$ と分散 $V(X)$ を求めよ。

X	2	5	8	計
P	$\dfrac{3}{6}$	$\dfrac{2}{6}$	$\dfrac{1}{6}$	1

(2) 確率変数 Y を $Y=2X-3$ と定めるとき，$E(Y)$，$V(Y)$ を求めよ。

76 A の袋には赤球 2 個，白球 4 個が入っており，B の袋には赤球 3 個，白球 3 個が入っている。A，B それぞれの袋から同時に 2 個ずつの球を取り出すとき，A から取り出された赤球の個数を X，B から取り出された赤球の個数を Y とするとき，次の値を求めよ。 ← 例題36

(1) $X+Y$ の期待値 (2) $X+Y$ の分散 (3) XY の期待値

77 確率変数 X の確率分布が右の表で与えられている。このとき，次の問いに答えよ。

(1) 期待値 $E(X)$，分散 $V(X)$ を求めよ。

X	0	1	2	3	計
P	$\dfrac{1}{8}$	$\dfrac{3}{8}$	$\dfrac{3}{8}$	$\dfrac{1}{8}$	1

(2) $Y=aX+b$ で定める確率変数 Y について，$E(Y)=0$，$V(Y)=1$ であるとき，a，b の値を求めよ。ただし $a>0$ とする。

78 確率変数 X の期待値は -3 で，分散は 5 である。確率変数 $Y=aX+b$ の期待値が 0 で，Y^2 の期待値が 10 であるとき，a，b の値を求めよ。ただし，$a>0$ とする。

79 確率変数 X は n 個の値 1，3，5，……，$2n-1$ をとり，X がそれぞれの値を等しい確率でとるとき，確率変数 $Y=3X+2$ の期待値と分散を求めよ。

80 50 円硬貨 2 枚と 100 円硬貨 2 枚を同時に投げ，表の出た硬貨の金額の和を T とするとき，確率変数 T の期待値，分散，標準偏差を求めよ。

ヒント **80** 50 円硬貨，100 円硬貨の表の出る枚数をそれぞれ X，Y とすると $T=50X+100Y$ で，$E(aX+bY)=aE(X)+bE(Y)$，$V(aX+bY)=a^2V(X)+b^2V(Y)$ を使う。

14 二項分布

二項分布　　　　　　　　　　　　　　　　　　　　　　　　類81

確率変数 X が二項分布 $B\left(5,\ \dfrac{1}{3}\right)$ に従うとき，確率 $P(X \leqq 2)$ を求めよ。

解　$P(X=k) = {}_5\mathrm{C}_k \left(\dfrac{1}{3}\right)^k \left(\dfrac{2}{3}\right)^{5-k}$　$(k=0,\ 1,\ 2,\ 3,\ 4,\ 5)$　であるから

$P(X \leqq 2)$

$= P(X=0) + P(X=1) + P(X=2)$

$= {}_5\mathrm{C}_0 \left(\dfrac{1}{3}\right)^0 \left(\dfrac{2}{3}\right)^5 + {}_5\mathrm{C}_1 \left(\dfrac{1}{3}\right)^1 \left(\dfrac{2}{3}\right)^4 + {}_5\mathrm{C}_2 \left(\dfrac{1}{3}\right)^2 \left(\dfrac{2}{3}\right)^3$

$= \dfrac{2^5 + 5 \times 2^4 + 10 \times 2^3}{3^5} = \dfrac{64}{81}$

> **二項分布**
>
> 確率変数 X が二項分布
> $B(n,\ p)$ に従う $\iff$
> $\quad P(X=k) = {}_n\mathrm{C}_k p^k (1-p)^{n-k}$
> $\quad (k=0,\ 1,\ 2,\ \cdots,\ n)$

二項分布の期待値・分散・標準偏差　　　　　　　　　類82

確率変数 X が二項分布 $B\left(8,\ \dfrac{1}{2}\right)$ に従うとき，期待値 $E(X)$，

分散 $V(X)$，標準偏差 $\sigma(X)$ を求めよ。

解　$E(X) = 8 \times \dfrac{1}{2} = 4$

$V(X) = 8 \times \dfrac{1}{2} \times \left(1 - \dfrac{1}{2}\right)$

$\qquad = 2$

$\sigma(X) = \sqrt{V(X)} = \sqrt{2}$

> **二項分布の期待値・分散・標準偏差**
>
> 確率変数 X が二項分布 $B(n,\ p)$ に従うとき，
> $q = 1-p$ とすると
> $\quad$期待値 $E(X) = np$
> $\quad$分散 $V(X) = npq$
> $\quad$標準偏差 $\sigma(X) = \sqrt{V(X)} = \sqrt{npq}$

反復試行の期待値・分散　　　　　　　　　　　　類83,84,85

袋の中に赤球 2 個，白球 3 個が入っている。この中から，1 個を取り出し，球の色を記録してもとに戻す試行を 10 回行うとき，赤球の出る回数 X の期待値 $E(X)$ と分散 $V(X)$ を求めよ。

解　球を 1 個取り出して，赤色が出る確率は $\dfrac{2}{5}$

よって，X は二項分布 $B\left(10,\ \dfrac{2}{5}\right)$ に従う。

ゆえに　$E(X) = 10 \times \dfrac{2}{5} = 4$

$\qquad V(X) = 10 \times \dfrac{2}{5} \times \left(1 - \dfrac{2}{5}\right) = \dfrac{12}{5}$

> **反復試行と二項分布**
>
> 事象 A の起こる確率が p のとき，
> n 回の反復試行で A の起こる回
> 数を X とすると，確率変数 X は
> 二項分布 $B(n,\ p)$ に従う。
> $\boxed{反復回数}$ $\boxed{事象 A の確率}$

81 確率変数 X が二項分布 $B\left(10, \dfrac{1}{2}\right)$ に従うとき，次の確率を求めよ。

*(1) $P(X \le 2)$ (2) $P(4 \le X \le 6)$ *(3) $P(X \le 9)$ ↪ 例題37

82 確率変数 X が次の二項分布に従うとき，期待値 $E(X)$，分散 $V(X)$，標準偏差 $\sigma(X)$ を求めよ。   ↪ 例題38

(1) $B\left(5, \dfrac{1}{6}\right)$ *(2) $B\left(200, \dfrac{3}{4}\right)$ (3) $B\left(1000, \dfrac{1}{2}\right)$

*83 1個のさいころを繰り返して 24 回投げるとき，1の目の出る回数 X の期待値，分散を求めよ。   ↪ 例題39

84 ○，×で答える問題が 10 題ある。でたらめに○，×をつけて解答したときの正解数を X とする。X の期待値，分散，標準偏差を求めよ。   ↪ 例題39

85 発芽率 80% の種子 300 個をまくとき，発芽する個数を X とする。X の期待値と標準偏差を求めよ。   ↪ 例題39

86 4枚の硬貨を繰り返し 100 回同時に投げ，表が2枚，裏が2枚出る回数を X とする。このとき，X の期待値と標準偏差を求めよ。

87 二項分布に従う確率変数 X は，期待値が 6，分散が 2 であるという。このとき，次の問いに答えよ。

*(1) この二項分布を $B(n, p)$ とおくとき，n と p を求めよ。

(2) $X = k$ となる確率を p_k で表すとき，$\dfrac{p_4}{p_3}$ を求めよ。

88 原点 O から出発して数直線上を n 回移動する点 A を考える。点 A は，1回ごとに，確率 p で正の向きに 3 だけ，確率 $1-p$ で負の向きに 1 だけ移動する。n 回移動したあとの点 A の座標を X，n 回の移動のうち正の向きへの移動の回数を Y として，次の問いに答えよ。ただし，$0 < p < 1$ とする。

(1) n 回移動したあとの X と Y の間の関係を $X = an + bY$ の形で表すとき，a，b の値を求めよ。

(2) 確率変数 X の期待値と分散を，n，p を用いて表せ。

ヒント **86** 表が2枚，裏が2枚出る確率を p とすると，X は $B(100, p)$ に従う。

      87 (1) 連立方程式 $np = 6$，$np(1-p) = 2$ を解く。

15 正規分布

例題40　標準正規分布の確率　　　題90

確率変数 Z が標準正規分布 $N(0,\ 1)$ に従うとき，$P(Z\leqq1)$ を求めよ。

解

$P(Z\leqq1)$
$=P(Z\leqq0)+P(0\leqq Z\leqq1)$
$=0.5+0.3413=\mathbf{0.8413}$

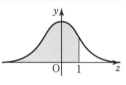

標準正規分布

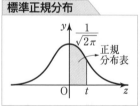

エクセル 標準正規分布の確率

➡ $P(0\leqq Z\leqq t)$ で表して正規分布表

例題41　正規分布と標準化　　　題91

確率変数 X が正規分布 $N(10,\ 5^2)$ に従うとき，$P(20\leqq X\leqq25)$ を求めよ。

解　$Z=\dfrac{X-10}{5}$ とおくと　　●X を標準化する

$P(20\leqq X\leqq25)$
$=P\left(\dfrac{20-10}{5}\leqq Z\leqq\dfrac{25-10}{5}\right)$
$=P(2\leqq Z\leqq3)$
$=P(0\leqq Z\leqq3)-P(0\leqq Z\leqq2)$
$=0.4987-0.4772=\mathbf{0.0215}$

正規分布と標準化

確率変数 X が正規分布
$N(\mu,\ \sigma^2)$ に従うとき
$Z=\dfrac{X-\mu}{\sigma}$ とおくと，
Z は標準正規分布
$N(0,\ 1)$ に従う。

エクセル X が正規分布 $N(\mu,\ \sigma^2)$ に従う ➡ $Z=\dfrac{X-\mu}{\sigma}$ とおき標準化

例題42　二項分布の正規分布による近似　　　題94,95

さいころを180回投げるとき，1の目が40回以上出る確率を求めよ。

解　1の目の出る回数を X とすると，X は二項分布 $B\left(180,\ \dfrac{1}{6}\right)$ に従うから

$E(X)=180\times\dfrac{1}{6}=30,\ \sigma(X)=\sqrt{180\times\dfrac{1}{6}\times\dfrac{5}{6}}=5$

また，180は十分大きな値であるから，
X の分布は正規分布 $N(30,\ 5^2)$ で近似できる。

ここで，$Z=\dfrac{X-30}{5}$ とおくと，

Z は標準正規分布 $N(0,\ 1)$ に従うから

$P(X\geqq40)=P\left(Z\geqq\dfrac{40-30}{5}\right)=P(Z\geqq2)$
$=P(Z\geqq0)-(0\leqq Z\leqq2)$
$=0.5-0.4772=\mathbf{0.0228}$

二項分布 $B(n,\ p)$

n が十分大きいとき，
$q=1-p$ とすると，
$E(X)=np,\ \sigma(X)=\sqrt{npq}$ であり，
正規分布 $N(np,\ npq)$
で近似できる。

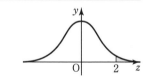

*89 右の図は，区間 $1 \leqq X \leqq 3$ のすべての値をとる
確率密度関数 $f(x) = ax + 1$ （a は定数）のグラフ
である。次の問いに答えよ。

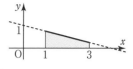

(1) a の値を求めよ。　(2) $P(1 \leqq X \leqq 2)$ を求めよ。

*90 確率変数 Z が標準正規分布 $N(0, 1)$ に従うとき，次の確率を求めよ。

(1) $P(0 \leqq Z \leqq 1)$ 　　　(2) $P(1 \leqq Z \leqq 3)$ 　　→例題40

(3) $P(-2 \leqq Z \leqq 1)$ 　　(4) $P(|Z| \geqq 2)$

91 確率変数 X が正規分布 $N(2, 3^2)$ に従うとき，次の確率を求めよ。

*(1) $P(2 \leqq X \leqq 5)$ 　*(2) $P(X \geqq -1)$ 　(3) $P(-4 \leqq X \leqq 8)$ 　→例題41

92 ある学校の生徒の立ち幅跳びの記録が平均 225 cm，標準偏差 25 cm の正規分布に従うものとして，次の空欄の中に適する値を入れよ。ただし，(2)においては，小数第 2 位を四捨五入して答えよ。

(1) 立ち幅跳びの記録を X cm とすると，X は正規分布 $N(\boxed{}, \boxed{})$ に従う。ここで，$Z = \dfrac{X - \boxed{}}{\boxed{}}$ とおくと，Z は標準正規分布 $N(\boxed{}, \boxed{})$ に従う。

(2) この学校において，立ち幅跳びの記録が 200 cm 以上 250 cm 未満の生徒はおよそ $\boxed{}$ % おり，275 cm 以上の生徒はおよそ $\boxed{}$ % いる。

B

93 ある工場で製造される冷凍食品の重さは，平均 300 g，標準偏差 2 g の正規分布に従うという。296 g 以上 305 g 以下の製品を規格品とするとき，規格品は全体のおよそ何 % あるか。

94 赤球 1 個，白球 2 個の入った袋の中から 1 個を取り出し，色を確認してもとに戻す試行を 450 回行った。このとき，次の確率を求めよ。　→例題42

(1) 赤球が出る回数が 150 回以上 170 回以下である。

(2) 赤球が出る回数が 130 回以下である。

*95 2 枚の硬貨を同時に投げる試行を 1200 回行うとき，2 枚とも表が出る回数が 333 回以上となる確率を求めよ。　→例題42

16 母集団と標本

例題 43　母集団分布と標本平均　　　　　　　　　類96,97

数 1 がかかれた球が 3 個，数 3 がかかれた球が 2 個，数 5 がかかれた球が 1 個の合計 6 個の球を母集団として，次の問いに答えよ。

(1) この母集団から 1 個の球を無作為抽出し，かかれている数を X とするとき，変量 X の母平均 μ，母分散 σ^2，母標準偏差 σ を求めよ。

(2) この母集団から 5 個の球を復元抽出し，それぞれにかかれている数を X とするとき，標本平均 $\overline{X}$ の期待値 $E(\overline{X})$，分散 $V(\overline{X})$，標準偏差 $\sigma(\overline{X})$ を求めよ。

解 (1)　X の母集団分布は右の表のようになるから

X	1	3	5	計
P	$\dfrac{3}{6}$	$\dfrac{2}{6}$	$\dfrac{1}{6}$	1

$$\mu = 1 \times \frac{3}{6} + 3 \times \frac{2}{6} + 5 \times \frac{1}{6} = \frac{7}{3}$$

$$\sigma^2 = \left(1^2 \times \frac{3}{6} + 3^2 \times \frac{2}{6} + 5^2 \times \frac{1}{6}\right) - \left(\frac{7}{3}\right)^2 = \frac{20}{9}$$

$$\sigma = \sqrt{\frac{20}{9}} = \frac{2\sqrt{5}}{3}$$

(2)　$E(\overline{X}) = \dfrac{7}{3}$

$$V(\overline{X}) = \frac{20}{9} \div 5 = \frac{4}{9}$$

$$\sigma(\overline{X}) = \sqrt{V(\overline{X})} = \frac{2}{3}$$

標本平均の期待値・分散・標準偏差

母平均 μ，母標準偏差 σ の母集団から大きさ n の標本を抽出するとき，標本平均の

期待値は　　$E(\overline{X}) = \mu$

分散は　　　$V(\overline{X}) = \dfrac{\sigma^2}{n}$

標準偏差は　$\sigma(\overline{X}) = \dfrac{\sigma}{\sqrt{n}}$

例題 44　標本平均の分布　　　　　　　　　　　類98

母平均 50，母標準偏差 10 の母集団から大きさ 100 の標本を抽出するとき，標本平均 $\overline{X}$ が 49 より小さくなる確率を求めよ。

解　標本の大きさは 100 で十分大きいから，標本平均 $\overline{X}$ の分布は

正規分布 $N\left(50, \dfrac{10^2}{100}\right)$，すなわち $N(50, 1^2)$ で近似できる。

ここで，$Z = \dfrac{\overline{X} - 50}{1}$ とおくと，　　　　　　　　　◀ $\overline{X}$ を標準化する

Z は標準正規分布 $N(0, 1)$ に従う。

$$P(\overline{X} < 49) = P\left(Z < \frac{49 - 50}{1}\right)$$

$$= P(Z < -1) \qquad \text{◀} P(Z < -1) \text{ は } P(Z \leq -1) \text{ と}$$
$$\qquad\qquad\qquad \text{等しいと考える}$$

$$= P(0 < z) - P(0 < Z < 1)$$

$$= 0.5 - 0.3413 = \mathbf{0.1587}$$

■以後，断りがない場合は，標本の抽出はすべて無作為抽出であるものとする。

A

*96　数 2 がかかれた球が 4 個，数 4 がかかれた球が 3 個，数 6 がかかれた球が 2 個，数 8 がかかれた球が 1 個の合計 10 個の球を母集団とし，この母集団から 1 個の球を無作為抽出したとき，かかれている数を X とする。このとき，次 の問いに答えよ。　　　　　　　　　　　　　　　　　　　　　　　　← 例題43(1)

(1)　母集団分布を求めよ。

(2)　母平均 μ，母分散 σ^2，母標準偏差 σ を求めよ。

*97　母平均 20，母標準偏差 15 の母集団から大きさ 36 の標本を抽出するとき，標本平均 $\overline{X}$ の期待値 $E(\overline{X})$ と標準偏差 $\sigma(\overline{X})$ を求めよ。　　← 例題43(2)

*98　母平均 30，母標準偏差 18 の母集団から大きさ 81 の標本を抽出し，その標本平均を $\overline{X}$ とするとき，次の確率を求めよ。　　　　　　　　　　← 例題44

(1)　$P(28 \leqq \overline{X} \leqq 34)$　　　(2)　$P(27 \leqq \overline{X} \leqq 31)$　　　(3)　$P(\overline{X} \leqq 32)$

B

*99　ある農園で生産している果物は，重さが平均 90 g，標準偏差 40 g の正規分布に従うという。この果物を無作為に 64 個取り出したとき，重さの標本平均 $\overline{X}$ が 80 g 以上 100 g 以下となる確率を求めよ。

100　母平均 80，母標準偏差 60 の母集団から標本を抽出したとき，その標本平均が $P(70 \leqq \overline{X} \leqq 90) \geqq 0.9544$ を満たすようにしたい。抽出する標本の大きさは，いくつ以上必要になるか。

*101　母平均 μ，母標準偏差 σ の母集団から大きさ n の標本を無作為抽出するときの標本平均について正しく述べたものを，次の①～④のうちから 1 つ選べ。

①　標本平均は必ず μ となる。

②　標本平均の分散は，n の値によらず一定である。

③　標本平均の分布は，n が小さくても，正規分布に近似できることがある。

④　母集団分布が大きく偏っている場合，n をどれだけ大きくしても，正規分布に近似することはできない。

17 母平均・母比率の推定

例題 45 母平均の推定　　　　　　　　　　　　　　　　　　　　類**102**

　ある工場でつくられるピザ 1 枚の重さは，標準偏差 20 g の正規分布に従うという。このとき，次の問いに答えよ。

(1)　100 枚のピザを無作為に選んで重さを測ったところ，平均値が 700 g であった。このとき，重さの平均 μ に対する信頼度 95 % の信頼区間を求めよ。

(2)　信頼区間の幅を 8 g 以下にするためには，標本の大きさ n はどのようにすればよいか。

解　(1)　標本平均は　　$\overline{X}=700$

標本の大きさは　$n=100$

母標準偏差は　　$\sigma=20$

であるから，

重さの平均 μ に対する

信頼度 95 % の信頼区間は

> **母平均の推定**
>
> 母標準偏差 σ の母集団から大きさ n の標本を抽出するとき，n が十分大きければ，母平均 μ に対する信頼度 95 % の信頼区間は
> $$\overline{X}-1.96\times\frac{\sigma}{\sqrt{n}}\leqq\mu\leqq\overline{X}+1.96\times\frac{\sigma}{\sqrt{n}}$$

$$700-1.96\times\frac{20}{\sqrt{100}}\leqq\mu\leqq700+1.96\times\frac{20}{\sqrt{100}}$$

すなわち　**$696.08\leqq\mu\leqq703.92$**

(2)　信頼度 95 % の信頼区間の幅は　$2\times1.96\times\dfrac{20}{\sqrt{n}}$

これが 8 g 以下であるから　$2\times1.96\times\dfrac{20}{\sqrt{n}}\leqq8$

整理して　$\sqrt{n}\geqq9.8$　　すなわち　$n\geqq96.04$

よって，標本の大きさを **97 枚以上** とすればよい。

例題 46 母比率の推定　　　　　　　　　　　　　　　　　　　　類**104**

　ある工場で，多数の製品の中から 100 個を抽出して調べたところ，10 個の不良品が含まれていた。この製品全体の不良品の母比率 p に対する信頼度 95 % の信頼区間を求めよ。

解　標本の大きさは　$n=100$，標本比率は　$p_0=\dfrac{10}{100}=0.1$ であるから，

母比率 p に対する信頼度 95 % の信頼区間は

$$0.1-1.96\sqrt{\frac{0.1\times0.9}{100}}\leqq p\leqq0.1+1.96\sqrt{\frac{0.1\times0.9}{100}}$$

よって

$0.0412\leqq p\leqq0.1588$

> **母比率の推定**
>
> 大きさ n の標本の標本比率を p_0 とするとき，n が十分大きければ，母比率 p に対する信頼度 95 % の信頼区間は
> $$p_0-1.96\sqrt{\frac{p_0(1-p_0)}{n}}\leqq p\leqq p_0+1.96\sqrt{\frac{p_0(1-p_0)}{n}}$$

A

*102 ある工場で生産されている製品の重さは，標準偏差 4 g の正規分布に従うことがわかっている。この製品 64 個を無作為に選び重さを測ったところ，重さの平均値が 75 g であった。この工場で生産される全製品の重さの平均 μ に対する信頼度 95 % の信頼区間を求めよ。 ↩ 例題45

103 ある母集団から大きさ 100 の標本を抽出したところ，標本平均が 50 で，標準偏差が 10 であった。このとき，母平均 μ に対する信頼度 95 % の信頼区間を求めよ。

*104 高校生 600 人を無作為に抽出してアンケートをとったところ，240 人が通学に電車を利用していると回答した。高校生全体のうち，通学に電車を利用している人の比率 p に対する信頼度 95 % の信頼区間を求めよ。 ↩ 例題46

B

*105 ある工場で大量に生産されるアルカリ電池から，625 本を無作為に抽出して電池の寿命を調べた。その結果 100 mA で連続して使用した場合，平均値が 800 時間，標準偏差が 125 時間であった。このとき，次の問いに答えよ。
(1) 電池の平均寿命 μ に対する信頼度 95 % の信頼区間を求めよ。
(2) 信頼度 95 % で平均寿命を推定するとき，信頼区間の幅を 10 時間以下にするためには，標本の大きさ n はどのようにすればよいか。

106 A 市において，全市民約 5 万人のうち 300 人を無作為に抽出して調べたところ，自動車運転免許を持っている市民が 225 人であった。A 市における自動車運転免許保有率 p に対する信頼度 95 % の信頼区間を求めよ。

*107 太郎さんは，近所にあるパン工場で製造されるパンの重さの平均 μ について，信頼区間 $C_1 \leqq \mu \leqq C_2$ を求めることにした。この調査について述べたこととして正しいものを，次の①〜④のうちから 1 つ選べ。
① 信頼度 99 % の信頼区間は，信頼度 95 % の信頼区間より幅が狭くなる。
② 信頼度 95 % の信頼区間について考えるとき，母集団や標本の標準偏差がわからなくても，標本平均がわかれば $C_1 + C_2$ を求めることができる。
③ 調べるパンの個数を増やすと，信頼度 95 % の信頼区間の幅は広くなる。
④ 多くのパンについて調べれば，$C_1 \leqq \mu \leqq C_2$ は必ず成り立つようになる。

18 仮説検定

　ある農家で収穫されるみかんの重さは，例年の経験から平均が 115 g，標準偏差が 8 g の正規分布に従うという。ある年に収穫されたみかんを無作為に 16 個選び，重さの平均値を調べたら 118 g であった。この年のみかんの重さの平均は例年と異なるといえるか，有意水準 5 ％ で仮説検定せよ。

解　帰無仮説は「この年のみかんの重さの平均は 115 g である」

　みかんの重さの標本平均は正規分布

$N\left(115, \dfrac{8^2}{16}\right)$ に従い，標本平均が 118 であるから

$$z = \frac{118 - 115}{\dfrac{8}{\sqrt{16}}} = \frac{3}{2} = 1.5 < 1.96$$

よって，z は棄却域に含まれないので，帰無仮説は棄却されないから，例年と異なるとはいえない。

> **母平均 μ の検定**
>
> 母集団から大きさ n，標本平均 $\overline{X}$，標準偏差 σ の標本を抽出したとき，n が十分大きければ
>
> $z = \dfrac{\overline{X} - \mu}{\dfrac{\sigma}{\sqrt{n}}}$ とおくと
>
> $|z| > 1.96$ が棄却域
>
> （有意水準 5 ％）

　ある病気の患者に薬 A を投与すると，投与された患者の 80 ％ に効果があるという。この病気に対する新薬 B が開発され，無作為に選んだ患者 100 人に投与したところ 90 人に効果があった。2 つの薬 A と B には効果の違いがあるか，有意水準 5 ％ で仮説検定せよ。

解　帰無仮説は「B を投与すると効果がある患者数の母比率 p は 0.8 である」

　標本比率は $p_0 = \dfrac{90}{100} = 0.9$ であるから

$$z = \frac{0.9 - 0.8}{\sqrt{\dfrac{0.8(1 - 0.8)}{100}}} = \frac{0.1}{\sqrt{\dfrac{0.16}{100}}} = \frac{10}{4} = 2.5 > 1.96$$

z は棄却域に含まれるので，帰無仮説は棄却される。

よって，2 つの薬には効果の違いがあるといえる。

> **母比率 p の検定**
>
> 母集団から大きさ n の標本を抽出したとき，n が十分大きければ，その標本比率を p_0 として
>
> $z = \dfrac{p_0 - p}{\sqrt{\dfrac{p(1 - p)}{n}}}$ とおくと
>
> $|z| > 1.96$ が棄却域
>
> （有意水準 5 ％）

エクセル　仮説検定 ➡ ①母集団について，帰無仮説を立てる

②帰無仮説のもとで有意水準を定め，棄却域を求める

③標本から得られた値が棄却域に

入るときは，帰無仮説は棄却される

入らないときは，帰無仮説は棄却されない

A

108 ある母集団が，標準偏差 3 の正規分布であることがわかっているとき，この母集団から大きさ 4 の標本を抽出したら，その平均値は 10 であった。次の問いに答えよ。

(1) 母平均が 7 であるという仮説は，有意水準 5 ％ で棄却されるか。

(2) 母平均が 12 であるという仮説は，有意水準 5 ％ で棄却されるか。

109 ある母集団から大きさ 49 の標本を抽出したら，標本比率が 0.4 であった。次の問いに答えよ。

(1) 母比率が 0.5 であるという仮説は，有意水準 5 ％ で棄却されるか。

(2) 母比率が 0.2 であるという仮説は，有意水準 5 ％ で棄却されるか。

B

*110 ある工場で生産される製品は，1 個の重さの平均が 200 g，標準偏差 30 g の正規分布に従うという。この度，新しい機械によって，同じ製品を生産した。その中から 400 個を無作為に抽出して調べた結果，1 個の重さの平均は 203 g であった。このことから，新しい機械によって製品の重さに変化があったといえるか，有意水準 5 ％ で仮説検定をせよ。 →例題47

*111 ある地域で 400 人の新生児について男女の人数を調べたら，男子が 212 人，女子が 188 人であった。このことから，この地域での男子と女子の出生率が異なるといえるか，有意水準 5 ％ で仮説検定をせよ。 →例題48

*112 ある飲食店では，ステーキの重さを 200 g として提供している。しかし，この飲食店をよく利用する A さんは，本当は 200 g よりも重いのではないかと感じていた。そこで，このステーキを 49 回注文し，すべての重さを調べたところ，平均値が 201 g，標準偏差が 4 g であった。この店が提供するステーキは 200 g より重いといえるか，有意水準 5 ％ で仮説検定をせよ。

*113 感染症 K の予防薬 A は，これまでの実績で 80 ％ の人に効果があったといわれている。最近，T 薬品が開発した感染症 K の予防薬 B を 500 人に投与したところ 416 人に効果があったと報告された。この予防薬 B は予防薬 A よりすぐれているといえるか，有意水準 5 ％ で仮説検定をせよ。

復習問題

数列

1 次の数列の一般項 a_n と，初項から第 n 項までの和 S_n を求めよ。

(1) 初項 $\dfrac{1}{4}$，公差 $\dfrac{3}{4}$ の等差数列 (2) 初項 2，公比 $\dfrac{5}{3}$ の等比数列

2 次の数列において，指定されたものを求めよ。

(1) 初項 25，末項 -3，項数 13 の等差数列の公差と和

(2) 初項 3，公比 -2，末項 -384 の等比数列の項数と和

(3) 第 4 項が 24，第 4 項から第 6 項までの和が 312 の等比数列の初項と公比

3 等比数列 $\{a_n\}$ の一般項を $a_n=5\cdot2^{n-1}$ とする。$b_n=\log_{10}a_n$ とおくとき，次の問いに答えよ。

(1) 数列 $\{b_n\}$ は等差数列であることを示し，その初項と公差をいえ。

(2) 和 $b_1+b_2+b_3+\cdots\cdots+b_n$ を求めよ。

4 次の和を求めよ。

(1) $\displaystyle\sum_{k=1}^{n}(k^2-2k)$ (2) $\displaystyle\sum_{k=1}^{n}(k-1)k(k+1)$ (3) $\displaystyle\sum_{l=1}^{n}\left\{\sum_{m=1}^{l}\left(\sum_{k=1}^{m}k\right)\right\}$

5 次の数列の初項から第 n 項までの和 S_n を求めよ。

(1) $1,\ 1+3,\ 1+3+5,\ 1+3+5+7,\ \cdots\cdots$

(2) $1^3-2^3,\ 3^3-4^3,\ 5^3-6^3,\ 7^3-8^3,\ \cdots\cdots$

6 次の数列の一般項を求めよ。

(1) $-1,\ 0,\ 4,\ 11,\ 21,\ 34,\ \cdots\cdots$ (2) $2,\ 3,\ 1,\ 5,\ -3,\ 13,\ \cdots\cdots$

7 次の数列の初項から第 n 項までの和 S_n を求めよ。

(1) $\dfrac{1}{2^2-1},\ \dfrac{1}{3^2-1},\ \dfrac{1}{4^2-1},\ \dfrac{1}{5^2-1},\ \cdots\cdots$

(2) $\dfrac{1}{2},\ \dfrac{3}{2^2},\ \dfrac{5}{2^3},\ \dfrac{7}{2^4},\ \cdots\cdots$

8 正の奇数を第 n 群には $2n$ 個の奇数を含むように，次のように分ける。このとき，次の問いに答えよ。

$$1,\ 3\mid5,\ 7,\ 9,\ 11\mid13,\ 15,\ 17,\ 19,\ 21,\ 23\mid25,\ \cdots\cdots$$

(1) 第 n 群の最初の数を求めよ。 (2) 第 8 群の 3 番目の数を求めよ。

(3) 195 は第何群の何番目か。 (4) 第 n 群にあるすべての数の和を求めよ。

9 次の式で定められる数列 $\{a_n\}$ の一般項を求めよ。

(1) $a_1=-1$, $a_{n+1}=a_n+3n-1$ (2) $a_1=0$, $3a_{n+1}-2a_n=1$

(3) $a_1=2$, $a_{n+1}=\dfrac{a_n}{3a_n+1}$ (4) $a_1=3$, $a_{n+1}=4a_n+3n-1$

10 数列 $\{a_n\}$ において，初項から第 n 項までの和を S_n とすると，$S_n=2a_n+n$ が成り立っている。このとき，次の問いに答えよ。

(1) a_1 を求めよ。   (2) a_{n+1} を a_n の式で表せ。

(3) a_n を求めよ。

11 n が自然数のとき，次の等式および不等式を数学的帰納法によって証明せよ。

(1) $\dfrac{1}{1\cdot2}+\dfrac{1}{3\cdot4}+\cdots\cdots+\dfrac{1}{(2n-1)\cdot2n}=\dfrac{1}{n+1}+\dfrac{1}{n+2}+\cdots\cdots+\dfrac{1}{n+n}$

(2) $1^2+2^2+3^2+\cdots\cdots+n^2<\dfrac{(n+1)^3}{3}$

思考力 **12** $a_1=\dfrac{1}{2}$, $a_{n+1}=\dfrac{a_n-2}{2a_n-3}$ で定められる数列 $\{a_n\}$ について，次の問いに答えよ。

(1) a_2, a_3, a_4 を求めて，a_n を推定せよ。

(2) (1)で推定した a_n が正しいことを数学的帰納法によって証明せよ。

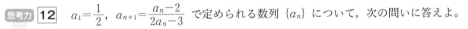

確率分布と統計的な推測

13 a を自然数とする。2, 4, 6, …, $2a$ の数がそれぞれかかれた a 枚のカードが入った箱がある。このとき，次の問いに答えよ。

(1) この箱の中から1枚のカードを無作為に取り出すとき，そのカードにかかれた数を X とする。

(ア) $X=2a$ となる確率を求めよ。

(イ) $a=5$ のとき，X の期待値と分散を求めよ。

(ウ) $a=5$ のとき $sX+t$ $(s>0)$ の期待値が 20，分散が 32 となるような定数 s, t を求めよ。また，$sX+t\geqq20$ となる確率を求めよ。

(2) $a\geqq3$ のとき，3枚のカードを同時に取り出し，それらを横1列に並べる。この試行において，カードの数が左から小さい順に並んでいる事象を A とする。

(ア) 事象 A の起こる確率を求めよ。

(イ) この試行を180回繰り返して事象 A の起こる回数を Y とするとき，Y の期待値と標準偏差を求めよ。

(ウ) 事象 A が起こる回数が18回以上36回以下となる確率を求めよ。

思考力 **14** 花子さんは，マイクロプラスチックと呼ばれる小さなプラスチック片（以下，MP）による海洋中や大気中の汚染が，環境問題となっていることを知った。花子さんたち 49 人は，面積が 50 a（アール）の砂浜の表面にある MP の個数を調べるため，それぞれが無作為に選んだ 20 cm 四方の区画の表面から深さ 3 cm までをすくい，MP の個数を研究所で数えてもらうことにした。

この砂浜の 1 区画あたりの MP の個数を確率変数 X として，X の母平均を m，母標準偏差を σ とし，標本 49 区画の 1 区画あたりの MP の個数の平均値を $\overline{X}$ とする。花子さんたちが調べた 49 区画では，平均値 16，標準偏差 2 であった。

(1) 花子さんは，次の方針で，砂浜全体に含まれる MP の全個数 M を推定することにした。このとき，次の空欄を埋めよ。

> ─ 方針 ───────────────────
> 砂浜全体には 20 cm 四方の区画が 125000 個分あり，$M=125000\times m$ なので，M を $W=125000\times\overline{X}$ で推定する。

$\overline{X}$ は，標本の大きさ 49 が十分に大きいので，平均 $\boxed{\text{ア}}$，標準偏差 $\boxed{\text{イ}}$ の正規分布に近似的に従う。そこで，方針に基づいて考えると，W は平均 $\boxed{\text{ウ}}$，標準偏差 $\boxed{\text{エ}}$ の正規分布に近似的に従うことがわかる。

このとき，X の母標準偏差 σ は標本の標準偏差と同じ $\sigma=2$ と仮定すると，M に対する信頼度 95 % の信頼区間は $\boxed{\text{オ}}\times10^4\leqq M\leqq\boxed{\text{カ}}\times10^4$ となる。

(2) 研究所が昨年調査したときには，1 区画あたりの MP の個数の母平均が 15，母標準偏差が 2 であった。今年の母平均 m が昨年とは異なるといえるかを，有意水準 5 % で仮説検定する。このとき，次の空欄に適するものをそれぞれの選択肢から 1 つ選べ。ただし，母標準偏差は今年も $\sigma=2$ とする。

まず，帰無仮説は「今年の母平均は $\boxed{\text{キ}}$」であり，対立仮説は「今年の母平均は $\boxed{\text{ク}}$」である。

次に，帰無仮説が正しいとすると，$\overline{X}$ は平均 $\boxed{\text{ケ}}$，標準偏差 $\boxed{\text{コ}}$ の正規分布に近似的に従うため，確率変数 $Z=\dfrac{\overline{X}-\boxed{\text{ケ}}}{\boxed{\text{コ}}}$ は標準正規分布に近似的に従う。

花子さんたちの調査結果から求めた Z の値を z とすると，標準正規分布において，確率 $P(Z\leqq-|z|)$ と確率 $P(Z\geqq|z|)$ の和は 0.05 よりも $\boxed{\text{サ}}$ ので，有意水準 5 % で今年の母平均 m は昨年と $\boxed{\text{シ}}$。

$\boxed{\text{キ}}$，$\boxed{\text{ク}}$	① m である	② 15 である	③ 16 である
	④ m ではない	⑤ 15 ではない	⑥ 16 ではない

$\boxed{\text{ケ}}$，$\boxed{\text{コ}}$	① $\dfrac{4}{49}$	② $\dfrac{2}{7}$	③ $\dfrac{16}{49}$	④ $\dfrac{4}{7}$
	⑤ 2	⑥ 4	⑦ 15	⑧ 16

$\boxed{\text{サ}}$	① 大きい	② 小さい
$\boxed{\text{シ}}$	① 異なるといえる	② 異なるとはいえない

数学C

19 ベクトルの演算

例題 49 ベクトルの加法・減法・実数倍　　類**115**

右の図のベクトル $\vec{a}$, $\vec{b}$ について, 次のベクトル
を図示せよ。

(1) $\vec{a}+\dfrac{1}{2}\vec{b}$

(2) $2\vec{a}-\vec{b}$

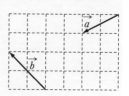

解 (1)

(2)

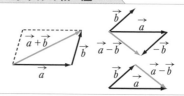

ベクトルの和・差

例題 50 ベクトルの演算　　類**118**

次の等式を満たすベクトル $\vec{x}$, $\vec{y}$ を $\vec{a}$, $\vec{b}$ で表せ。

(1) $2(\vec{a}-\vec{x})=\vec{a}+3\vec{b}$

(2) $\begin{cases} 2\vec{x}-\vec{y}=\vec{a} & \cdots\cdots① \\ 5\vec{x}-3\vec{y}=\vec{b} & \cdots\cdots② \end{cases}$

解 (1) 与式より　$2\vec{a}-2\vec{x}=\vec{a}+3\vec{b}$

$-2\vec{x}=-\vec{a}+3\vec{b}$　　よって　$\vec{x}=\dfrac{1}{2}\vec{a}-\dfrac{3}{2}\vec{b}$

(2) ①より　$\vec{y}=2\vec{x}-\vec{a}$　$\cdots①'$　を②に代入して

$5\vec{x}-3(2\vec{x}-\vec{a})=\vec{b}$　すなわち　$5\vec{x}-6\vec{x}+3\vec{a}=\vec{b}$

よって　$\vec{x}=3\vec{a}-\vec{b}$

①'に代入して　$\vec{y}=2(3\vec{a}-\vec{b})-\vec{a}=5\vec{a}-2\vec{b}$

ベクトルの計算法則

$\vec{a}+\vec{b}=\vec{b}+\vec{a}$
$(\vec{a}+\vec{b})+\vec{c}=\vec{a}+(\vec{b}+\vec{c})$
$k(l\vec{a})=(kl)\vec{a}$
$(k+l)\vec{a}=k\vec{a}+l\vec{a}$
$k(\vec{a}+\vec{b})=k\vec{a}+k\vec{b}$

エクセル ベクトルの加法, 減法, 実数倍 ➡ 文字式の計算と同様にできる

例題 51 ベクトルの平行・分解　　類**120,121**

正六角形 ABCDEF において, $\overrightarrow{AB}=\vec{a}$, $\overrightarrow{AF}=\vec{b}$ とするとき, 次のベクトル
を $\vec{a}$, $\vec{b}$ で表せ。

(1) $\overrightarrow{DC}$

(2) $\overrightarrow{AO}$

(3) $\overrightarrow{CE}$

解 (1) $\overrightarrow{DC}=\overrightarrow{FA}=-\vec{b}$

(2) $\overrightarrow{AO}=\overrightarrow{AB}+\overrightarrow{BO}=\overrightarrow{AB}+\overrightarrow{AF}=\vec{a}+\vec{b}$

(3) $\overrightarrow{CE}=\overrightarrow{CD}+\overrightarrow{DE}=\overrightarrow{AF}+\overrightarrow{BA}=\vec{b}+(-\vec{a})=-\vec{a}+\vec{b}$

別解 $\overrightarrow{CE}=\overrightarrow{OE}-\overrightarrow{OC}=\overrightarrow{AF}-\overrightarrow{AB}=\vec{b}-\vec{a}=-\vec{a}+\vec{b}$

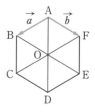

エクセル $\overrightarrow{PQ}$ は ➡ $\begin{cases} \overrightarrow{PQ}=\overrightarrow{P■}+\overrightarrow{■Q} & \text{と和の形} \\ \overrightarrow{PQ}=\overrightarrow{●Q}-\overrightarrow{●P} & \text{と差の形} \end{cases}$ に表せる

114 右の図の正六角形 ABCDEF において，頂点および O を始点または，終点とするベクトルで，次の条件を満たすものをすべて求めよ。

(1) $\overrightarrow{\text{FA}}$ と等しい　　(2) $\overrightarrow{\text{DE}}$ と同じ向き

(3) $\overrightarrow{\text{AD}}$ と大きさが等しい

115 右の図のベクトル $\vec{a}$, $\vec{b}$ について，次のベクトルを図示せよ。 ↪例題49

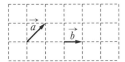

(1) $\vec{a}+\vec{b}$　　(2) $\vec{a}-\vec{b}$　　(3) $2\vec{a}-3\vec{b}$

116 次の計算をせよ。

(1) $(2\vec{a}+3\vec{b})-(4\vec{a}-\vec{b})$　　*(2) $4(\vec{a}-3\vec{b})+2(\vec{b}-2\vec{a})$

117 2つのベクトル $\vec{a}$, $\vec{b}$ が1次独立であるとき，次の式が成り立つように x, y の値を定めよ。

*(1) $(3x-1)\vec{a}-2\vec{b}=5\vec{a}+(y+2)\vec{b}$　　(2) $(2x-y+1)\vec{a}+(x+y-3)\vec{b}=\vec{0}$

***118** 次の等式を満たすベクトル $\vec{x}$, $\vec{y}$ を $\vec{a}$, $\vec{b}$ で表せ。 ↪例題50

(1) $3(\vec{x}-\vec{a})=\vec{x}-2(\vec{b}+\vec{x})$　　(2) $\begin{cases} \vec{x}-\vec{y}=\vec{a}+2\vec{b} \\ 2\vec{x}+3\vec{y}=7\vec{a}-\vec{b} \end{cases}$

***119** $|\overrightarrow{\text{AB}}|=3$, $|\overrightarrow{\text{AC}}|=4$, $\angle\text{A}=90°$ の △ABC において，次の条件を満たす単位ベクトルを，$\overrightarrow{\text{AB}}$, $\overrightarrow{\text{AC}}$ で表せ。

(1) $\overrightarrow{\text{AC}}$ と同じ向き　　(2) $\overrightarrow{\text{BC}}$ に平行

120 △ABC において，辺 BC, CA, AB の中点をそれぞれ L, M, N とする。$\overrightarrow{\text{AB}}=\vec{b}$, $\overrightarrow{\text{AC}}=\vec{c}$ とするとき，次のベクトルを $\vec{b}$, $\vec{c}$ で表せ。 ↪例題51

(1) $\overrightarrow{\text{BC}}$　(2) $\overrightarrow{\text{AL}}$　(3) $\overrightarrow{\text{CN}}$　(4) $\overrightarrow{\text{LM}}$

***121** 正六角形 ABCDEF において，対角線 AC, BF の交点を G とする。$\overrightarrow{\text{AB}}=\vec{x}$, $\overrightarrow{\text{AF}}=\vec{y}$ として，次のベクトルを $\vec{x}$, $\vec{y}$ で表せ。 ↪例題51

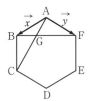

(1) $\overrightarrow{\text{BC}}$　　(2) $\overrightarrow{\text{AC}}$　　(3) $\overrightarrow{\text{AG}}$

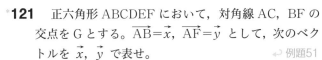

20 ベクトルの成分

例題 52　ベクトルの成分と大きさ　　顔122,123

(1) $\vec{a}=(2,\ -1)$, $\vec{b}=(-3,\ 1)$ について, $3\vec{a}-2\vec{b}$ の成分と大きさを求めよ。

(2) 2点 A$(5,\ 1)$, B$(-2,\ 2)$ について, $\overrightarrow{AB}$ の成分と大きさを求めよ。

解　(1)　$3\vec{a}-2\vec{b}=3(2,\ -1)-2(-3,\ 1)$

$\qquad\qquad\ =(6,\ -3)-(-6,\ 2)$

$\qquad\qquad\ =(12,\ -5)$

$\quad|3\vec{a}-2\vec{b}|=\sqrt{12^2+(-5)^2}=\sqrt{169}=13$

(2)　$\overrightarrow{AB}=(-2-5,\ 2-1)=(-7,\ 1)$

$\quad|\overrightarrow{AB}|=\sqrt{(-7)^2+1^2}=\sqrt{50}=5\sqrt{2}$

> **ベクトルの大きさ**
>
> ① $\vec{a}=(a_1,\ a_2)$ について
> $\quad|\vec{a}|=\sqrt{a_1{}^2+a_2{}^2}$
> ② A$(a_1,\ a_2)$, B$(b_1,\ b_2)$ について
> $\quad\overrightarrow{AB}=(b_1-a_1,\ b_2-a_2)$
> $\quad|\overrightarrow{AB}|=\sqrt{(b_1-a_1)^2+(b_2-a_2)^2}$

エクセル　A$(a_1,\ a_2)$, B$(b_1,\ b_2)$ のとき ➡ $\overrightarrow{AB}=(b_1-a_1,\ b_2-a_2)$

例題 53　ベクトルの平行　　顔130

$\vec{a}=(-4,\ 2)$, $\vec{b}=(1,\ -3)$, $\vec{c}=(1,\ 2)$ のとき, $(\vec{a}+t\vec{b})\,/\!/\,\vec{c}$ となるように実数 t の値を定めよ。

解　$\vec{a}+t\vec{b}=(-4,\ 2)+t(1,\ -3)=(-4+t,\ 2-3t)$

$\quad\vec{a}+t\vec{b}\neq\vec{0}$, $\vec{c}\neq\vec{0}$ より, $(\vec{a}+t\vec{b})\,/\!/\,\vec{c}$ となるとき,

$\quad\vec{a}+t\vec{b}=k\vec{c}$ を満たす実数 k が存在する。

$\quad(-4+t,\ 2-3t)=k(1,\ 2)$ より

$\quad\begin{cases}-4+t=k\\2-3t=2k\end{cases}$　　◖成分を比較する

$\quad$これを解いて　$k=-2$, $t=2$

◖ $-4+t=0$, $2-3t=0$
を同時に満たす t は
存在しないから
$\vec{a}+t\vec{b}\neq\vec{0}$

エクセル　$\vec{p}$ と $\vec{q}$ が平行 ➡ $\vec{p}=k\vec{q}$ を満たす実数 k が存在する

例題 54　ベクトルの分解　　顔132

$\vec{a}=(4,\ -3)$, $\vec{b}=(3,\ 1)$ のとき, ベクトル $\vec{p}=(6,\ -11)$ を $m\vec{a}+n\vec{b}$ の形で表せ。

解　$m\vec{a}+n\vec{b}=m(4,\ -3)+n(3,\ 1)=(4m+3n,\ -3m+n)$

$\quad\vec{p}=(6,\ -11)$ と成分を比較して

$\quad\begin{cases}4m+3n=6\\-3m+n=-11\end{cases}$

$\quad$これを解いて　$m=3$, $n=-2$

$\quad$よって　$\vec{p}=3\vec{a}-2\vec{b}$

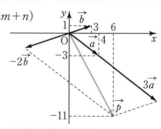

エクセル　$\vec{p}$ を $m\vec{a}+n\vec{b}$ で表す ➡ $m\vec{a}+n\vec{b}$ と $\vec{p}$ の成分を比較する

A

122 $\vec{a}=(-1,\ 1),\ \vec{b}=(2,\ -6),\ \vec{c}=(1,\ -3)$ について，次のベクトルの成分と大きさを求めよ。 ↪例題52

*(1) $3\vec{a}$ *(2) $2\vec{b}-\vec{c}$ (3) $\vec{a}-\vec{b}+\vec{c}$

123 3点 A$(2,\ -1)$，B$(-1,\ 1)$，C$(-2,\ -3)$ について，次のベクトルの成分と大きさを求めよ。 ↪例題52

*(1) $\overrightarrow{AB}$ (2) $\overrightarrow{AB}+\overrightarrow{AC}$ *(3) $2\overrightarrow{BC}-\overrightarrow{AC}$

***124** $\vec{a}=(3,\ -9),\ \vec{b}=(-5,\ 4)$ について，等式 $2(\vec{x}-\vec{b})=\vec{a}+\vec{b}-\vec{x}$ を満たすベクトル $\vec{x}$ を成分で表せ。

***125** $\vec{a}=(5,\ -12)$ と同じ向きの単位ベクトル $\vec{e}$ を成分で表せ。

126 4点 A$(-1,\ 3)$，B$(x,\ y)$，C$(13,\ 5)$，D$(4,\ 10)$ について，四角形 ABCD が平行四辺形となるとき，$x,\ y$ の値を求めよ。

B

127 $2\vec{a}+\vec{b}=(5,\ 12),\ \vec{a}-2\vec{b}=(-15,\ 1)$ のとき，$\vec{a},\ \vec{b}$ をそれぞれ成分で表せ。

***128** $5\vec{x}-2\vec{y}=4\vec{a},\ \vec{x}-\vec{y}=-\vec{a}$ のとき，$\vec{x}/\!/\vec{y}$ であることを示せ。ただし，$\vec{a}\neq\vec{0}$ とする。

129 $\vec{a}=(-2,\ 1)$ と平行で，大きさが $\sqrt{15}$ のベクトル $\vec{p}$ を求めよ。

***130** $\vec{a}=(3,\ 1),\ \vec{b}=(2,\ -1),\ \vec{c}=(-6,\ 8)$ のとき，$(\vec{a}+t\vec{b})/\!/\vec{c}$ となるように実数 t の値を定めよ。 ↪例題53

131 $\vec{a}=(x,\ 4),\ \vec{b}=(1,\ -2)$ のとき，$(\vec{a}+\vec{b})/\!/(\vec{a}-\vec{b})$ となるように実数 x の値を定めよ。

***132** $\vec{a}=(2,\ 1),\ \vec{b}(-1,\ 3)$ のとき，次のベクトルを $m\vec{a}+n\vec{b}$ の形で表せ。
(1) $\vec{c}=(-7,\ 7)$ (2) $\vec{d}=(9,\ 1)$ ↪例題54

21 ベクトルの内積

1辺の長さが1である正六角形 ABCDEF において，次の内積を求めよ。

(1) $\overrightarrow{AB}\cdot\overrightarrow{AF}$　　　(2) $\overrightarrow{AB}\cdot\overrightarrow{BC}$　　　(3) $\overrightarrow{AE}\cdot\overrightarrow{FE}$

解 (1) $\overrightarrow{AB}\cdot\overrightarrow{AF}=|\overrightarrow{AB}||\overrightarrow{AF}|\cos120°=1\times1\times\left(-\dfrac{1}{2}\right)=-\dfrac{1}{2}$

(2) $\overrightarrow{AB}\cdot\overrightarrow{BC}=|\overrightarrow{AB}||\overrightarrow{BC}|\cos60°=1\times1\times\dfrac{1}{2}=\dfrac{1}{2}$

(3) $\overrightarrow{AE}\cdot\overrightarrow{FE}=|\overrightarrow{AE}||\overrightarrow{FE}|\cos30°=\sqrt{3}\times1\times\dfrac{\sqrt{3}}{2}=\dfrac{3}{2}$

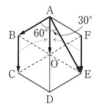

エクセル　ベクトルの内積 ➡ 2つのベクトルの始点をそろえてなす角を考える

例題 56　ベクトルのなす角　　　　類 139

A$(-1,\ 2)$，B$(-2,\ 5)$，C$(1,\ 1)$ のとき，∠BAC の大きさを求めよ。

解　∠BAC$=\theta$ とおくと

$\overrightarrow{AB}=(-1,\ 3)$，$\overrightarrow{AC}=(2,\ -1)$ より

$\cos\theta=\dfrac{\overrightarrow{AB}\cdot\overrightarrow{AC}}{|\overrightarrow{AB}||\overrightarrow{AC}|}$

$=\dfrac{-1\times2+3\times(-1)}{\sqrt{(-1)^2+3^2}\sqrt{2^2+(-1)^2}}=-\dfrac{1}{\sqrt{2}}$

$0°\leqq\theta\leqq180°$ より　$\theta=\mathbf{135°}$

> **ベクトルのなす角**
>
> $\vec{a}=(a_1,\ a_2)$，$\vec{b}=(b_1,\ b_2)$
> のなす角を θ とすると
>
> $\cos\theta=\dfrac{\vec{a}\cdot\vec{b}}{|\vec{a}||\vec{b}|}$
>
> $=\dfrac{a_1b_1+a_2b_2}{\sqrt{a_1{}^2+a_2{}^2}\sqrt{b_1{}^2+b_2{}^2}}$

例題 57　垂直なベクトル　　　　類 141

$\vec{a}=(2,\ -\sqrt{5})$ に垂直で，大きさが6のベクトル $\vec{p}$ を求めよ。

解　求めるベクトルを $\vec{p}=(x,\ y)$ とおくと

$\vec{p}\perp\vec{a}$ より　$\vec{p}\cdot\vec{a}=2x-\sqrt{5}y=0$ ……①

$|\vec{p}|=6$ より　$|\vec{p}|^2=x^2+y^2=36$ ……②

①より　$x=\dfrac{\sqrt{5}}{2}y$ ……③

これを②に代入して　$\dfrac{5}{4}y^2+y^2=36$

すなわち　$9y^2=144$　　よって　$y^2=16$　　ゆえに　$y=\pm4$

これを③に代入して　$x=\pm2\sqrt{5}$（複号同順）

したがって　$\vec{p}=(2\sqrt{5},\ 4),\ (-2\sqrt{5},\ -4)$

エクセル　垂直条件 ➡ （内積）＝0

48

A

133 $\vec{a}$ と $\vec{b}$ のなす角を θ とする。このとき，2つのベクトル $\vec{a}$ と $\vec{b}$ の内積 $\vec{a}\cdot\vec{b}$ を求めよ。

*(1) $|\vec{a}|=5$, $|\vec{b}|=2$, $\theta=45°$ (2) $|\vec{a}|=3$, $|\vec{b}|=4$, $\theta=120°$

134 AB=1, AD=$\sqrt{3}$ である長方形 ABCD において，次の内積を求めよ。 ↩例題55

*(1) $\overrightarrow{AD}\cdot\overrightarrow{AC}$ (2) $\overrightarrow{BA}\cdot\overrightarrow{AD}$
*(3) $\overrightarrow{DB}\cdot\overrightarrow{BC}$ (4) $\overrightarrow{AC}\cdot\overrightarrow{DB}$

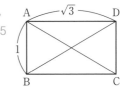

135 次の2つのベクトル $\vec{a}$ と $\vec{b}$ の内積を求めよ。

*(1) $\vec{a}=(4,\ -1)$, $\vec{b}=(3,\ 5)$ (2) $\vec{a}=(2,\ 6)$, $\vec{b}=(-3,\ 1)$

136 次の2つのベクトル $\vec{a}$ と $\vec{b}$ のなす角 θ を求めよ。

*(1) $|\vec{a}|=2$, $|\vec{b}|=2\sqrt{3}$, $\vec{a}\cdot\vec{b}=6$ (2) $|\vec{a}|=4$, $|\vec{b}|=1$, $\vec{a}\cdot\vec{b}=-2\sqrt{2}$

137 次の2つのベクトル $\vec{a}$ と $\vec{b}$ のなす角 θ を求めよ。

*(1) $\vec{a}=(-1,\ 2)$, $\vec{b}=(1,\ 3)$ (2) $\vec{a}=(\sqrt{2}-1,\ 1)$, $\vec{b}=(\sqrt{2},\ \sqrt{2}-2)$

138 次の2つのベクトル $\vec{a}$ と $\vec{b}$ が垂直になるような実数 x の値を求めよ。

(1) $\vec{a}=(6,\ -1)$, $\vec{b}=(x,\ 4)$ *(2) $\vec{a}=(1,\ x+1)$, $\vec{b}=(-2,\ x)$

B

***139** A$(-1,\ 1)$, B$(-2,\ 2)$, C$(\sqrt{3},\ \sqrt{3})$ のとき，∠BAC の大きさを求めよ。
↩例題56

140 2つのベクトル $\vec{a}=(1,\ 3)$, $\vec{b}=(5,\ 2)$ について，$2\vec{a}-\vec{b}$ と $\vec{a}+t\vec{b}$ が垂直になるような実数 t の値を求めよ。

***141** $\vec{a}=(3,\ 1)$ に垂直で，大きさが $2\sqrt{5}$ のベクトル $\vec{p}$ を求めよ。 ↩例題57

142 $\vec{a}=(1,\ \sqrt{3})$ となす角が $30°$ である単位ベクトル $\vec{e}$ を求めよ。

ヒント **142** $\vec{e}=(x,\ y)$ とおくと $x^2+y^2=1$, $\vec{e}\cdot\vec{a}=1\times|\vec{a}|\times\cos30°$

Step UP 例題 58　ベクトルの大きさの最大値・最小値

$\vec{a}=(-3,\ 1)$, $\vec{b}=(2,\ 1)$ について，$\vec{c}=\vec{a}+t\vec{b}$ とする。t の値が $0\leqq t\leqq 3$ のとき，$|\vec{c}|$ の最大値，最小値とそのときの t の値を求めよ。

解　$\vec{c}=(-3,\ 1)+t(2,\ 1)=(2t-3,\ t+1)$ であるから

$$|\vec{c}|^2=(2t-3)^2+(t+1)^2$$
$$=5t^2-10t+10=5(t-1)^2+5$$

$0\leqq t\leqq 3$ より　$|\vec{c}|^2$ は

$t=3$ のとき最大値 25,

$t=1$ のとき最小値 5

よって，$|\vec{c}|$ は

$t=3$ のとき最大値 5,　◆最大値は $\sqrt{25}=5$

$t=1$ のとき最小値 $\sqrt{5}$

エクセル　$|\vec{c}|$ の最大・最小 ➡ $|\vec{c}|^2$ の最大・最小を考える

143　$\vec{a}=(2,\ 1)$, $\vec{b}=(-1,\ 1)$ について，$\vec{c}=\vec{a}+t\vec{b}$ とするとき，次の問いに答えよ。

(1)　$|\vec{c}|=\sqrt{17}$ となるときの実数 t の値を求めよ。

*(2)　$|\vec{c}|$ の最小値とそのときの実数 t の値を求めよ。

Step UP 例題 59　内積の基本性質の利用

$|\vec{a}|=3$, $|\vec{b}|=2$, $\vec{a}\cdot\vec{b}=-4$ のとき，$|\vec{a}+\vec{b}|$ の値を求めよ。

解
$$|\vec{a}+\vec{b}|^2=(\vec{a}+\vec{b})\cdot(\vec{a}+\vec{b})$$
$$=\vec{a}\cdot\vec{a}+\vec{a}\cdot\vec{b}+\vec{b}\cdot\vec{a}+\vec{b}\cdot\vec{b}$$
$$=|\vec{a}|^2+2\vec{a}\cdot\vec{b}+|\vec{b}|^2$$
$$=3^2+2\times(-4)+2^2=5$$

$|\vec{a}+\vec{b}|\geqq 0$　であるから

$$|\vec{a}+\vec{b}|=\sqrt{5}$$

内積の基本性質
$\vec{a}\cdot\vec{a}=|\vec{a}|^2$
$\vec{a}\cdot\vec{b}=\vec{b}\cdot\vec{a}$
$\vec{a}\cdot(\vec{b}+\vec{c})=\vec{a}\cdot\vec{b}+\vec{a}\cdot\vec{c}$
$(\vec{a}+\vec{b})\cdot\vec{c}=\vec{a}\cdot\vec{c}+\vec{b}\cdot\vec{c}$
$(k\vec{a})\cdot\vec{b}=\vec{a}\cdot(k\vec{b})=k(\vec{a}\cdot\vec{b})$

エクセル　$|\vec{a}+\vec{b}|$ を求めるには ➡ $|\vec{a}+\vec{b}|^2=(\vec{a}+\vec{b})\cdot(\vec{a}+\vec{b})=|\vec{a}|^2+2\vec{a}\cdot\vec{b}+|\vec{b}|^2$

***144**　$|\vec{a}|=2$, $|\vec{b}|=3$, $\vec{a}\cdot\vec{b}=-1$ のとき，次の値を求めよ。

(1)　$(\vec{a}-3\vec{b})\cdot(2\vec{a}+\vec{b})$　　　　　　(2)　$|\vec{a}+2\vec{b}|$

145　$|\vec{a}|=2$, $|\vec{b}|=4$, $\vec{a}$ と $\vec{b}$ のなす角が $120°$ のとき，$|2\vec{a}-\vec{b}|$ の値を求めよ。

Step UP 例題 60　ベクトルのなす角の応用

$|\vec{a}|=2$, $|\vec{b}|=1$, $|\vec{a}-2\vec{b}|=2$ のとき，次の問いに答えよ。

(1) $\vec{a}$ と $\vec{b}$ のなす角 θ を求めよ。

(2) $\vec{a}+\vec{b}$ と $\vec{a}+t\vec{b}$ が垂直になるように実数 t の値を定めよ。

解 (1) $|\vec{a}-2\vec{b}|^2=(\vec{a}-2\vec{b})\cdot(\vec{a}-2\vec{b})=|\vec{a}|^2-4\vec{a}\cdot\vec{b}+4|\vec{b}|^2$ より

$$2^2=2^2-4\vec{a}\cdot\vec{b}+4\times1^2 \qquad よって \quad \vec{a}\cdot\vec{b}=1$$

ゆえに　$\cos\theta=\dfrac{\vec{a}\cdot\vec{b}}{|\vec{a}||\vec{b}|}=\dfrac{1}{2\times1}=\dfrac{1}{2}$　　$0°\leqq\theta\leqq180°$ であるから　$\theta=60°$

(2) $(\vec{a}+\vec{b})\perp(\vec{a}+t\vec{b})$ となるのは $(\vec{a}+\vec{b})\cdot(\vec{a}+t\vec{b})=0$ のときであるから

$$|\vec{a}|^2+t\vec{a}\cdot\vec{b}+\vec{a}\cdot\vec{b}+t|\vec{b}|^2=0 \qquad \text{◆ ベクトルの垂直条件は(内積)}=0$$

よって　$2^2+t\times1+1+t\times1^2=0$　　ゆえに　$t=-\dfrac{5}{2}$

---

*146　$|\vec{a}|=2$, $|\vec{b}|=\sqrt{3}$, $|\vec{a}-2\vec{b}|=2$ のとき，次の問いに答えよ。

(1) $\vec{a}$ と $\vec{b}$ のなす角 θ を求めよ。

(2) $2\vec{a}-\vec{b}$ と $\vec{a}+t\vec{b}$ が垂直になるように実数 t の値を定めよ。

Step UP 例題 61　三角形の面積

$\overrightarrow{OA}=\vec{a}$, $\overrightarrow{OB}=\vec{b}$ のとき，$\triangle OAB$ の面積 S は

$$S=\frac{1}{2}\sqrt{|\vec{a}|^2|\vec{b}|^2-(\vec{a}\cdot\vec{b})^2} \quad \cdots\cdots① \quad となることを示せ。$$

証明　$\angle AOB=\theta$ $(0°<\theta<180°)$ とすると，$\sin\theta>0$ であるから $\sin\theta=\sqrt{1-\cos^2\theta}$

$\cos\theta=\dfrac{\vec{a}\cdot\vec{b}}{|\vec{a}||\vec{b}|}$　であるから

$$\sin\theta=\sqrt{1-\left(\frac{\vec{a}\cdot\vec{b}}{|\vec{a}||\vec{b}|}\right)^2}=\sqrt{\frac{(|\vec{a}||\vec{b}|)^2-(\vec{a}\cdot\vec{b})^2}{(|\vec{a}||\vec{b}|)^2}}=\frac{\sqrt{|\vec{a}|^2|\vec{b}|^2-(\vec{a}\cdot\vec{b})^2}}{|\vec{a}||\vec{b}|}$$

よって　$S=\dfrac{1}{2}|\vec{a}||\vec{b}|\sin\theta=\dfrac{1}{2}\sqrt{|\vec{a}|^2|\vec{b}|^2-(\vec{a}\cdot\vec{b})^2}$　終　◆ 三角形の面積の公式

(参考) $\vec{a}=(a_1, a_2)$, $\vec{b}=(b_1, b_2)$ のとき，$S=\dfrac{1}{2}|a_1b_2-a_2b_1|$　$\cdots\cdots②$　となる。

147　O を原点とし，$A(1, 3)$, $B(-2, 2)$ とするとき，次の問いに答えよ。

(1) $\angle AOB=\theta$ とするとき，$\sin\theta$ の値を求めよ。

(2) (1)で求めた $\sin\theta$ を利用して，$\triangle OAB$ の面積 S を求めよ。

*(3) 上の例題の公式①を利用して，$\triangle OAB$ の面積 S を求めよ。

*(4) 上の例題の公式②が成り立つことを示し，$\triangle OAB$ の面積 S を求めよ。

23 位置ベクトル

例題 62　内分点・外分点の位置ベクトル　　　 **148**

2点 A($\vec{a}$), B($\vec{b}$) について，次の点の位置ベクトルを $\vec{a}$, $\vec{b}$ で表せ。

(1) 線分 AB を $3:1$ に内分する点 P($\vec{p}$)，外分する点 Q($\vec{q}$)

(2) 線分 AB を $2:5$ に内分する点 R($\vec{r}$)，外分する点 S($\vec{s}$)

(3) 線分 AB の中点 M($\vec{m}$)

解 (1) $\vec{p} = \dfrac{1\vec{a}+3\vec{b}}{3+1} = \dfrac{1}{4}\vec{a}+\dfrac{3}{4}\vec{b}$

$\vec{q} = \dfrac{-1\vec{a}+3\vec{b}}{3-1} = -\dfrac{1}{2}\vec{a}+\dfrac{3}{2}\vec{b}$

(2) $\vec{r} = \dfrac{5\vec{a}+2\vec{b}}{2+5} = \dfrac{5}{7}\vec{a}+\dfrac{2}{7}\vec{b}$

$\vec{s} = \dfrac{-5\vec{a}+2\vec{b}}{2-5} = \dfrac{5}{3}\vec{a}-\dfrac{2}{3}\vec{b}$

(3) $\vec{m} = \dfrac{\vec{a}+\vec{b}}{2}$

内分点, 外分点の位置ベクトル

2点 A($\vec{a}$), B($\vec{b}$) について，線分 AB を $m:n$ に内分する点の位置ベクトルは

$$\dfrac{n\vec{a}+m\vec{b}}{m+n}$$

$\left(\text{とくに，中点は } \dfrac{\vec{a}+\vec{b}}{2}\right)$

外分する点の位置ベクトルは

$$\dfrac{-n\vec{a}+m\vec{b}}{m-n}$$

例題 63　三角形の重心の位置ベクトル　　　 **152**

3点 A($\vec{a}$), B($\vec{b}$), C($\vec{c}$) を頂点とする △ABC において，辺 BC, CA, AB の中点をそれぞれ L, M, N とするとき，△ABC の重心 G_1 と △LMN の重心 G_2 は一致することを示せ。

証明　点 L, M, N, G_1, G_2 の位置ベクトルをそれぞれ $\vec{l}$, $\vec{m}$, $\vec{n}$, $\vec{g_1}$, $\vec{g_2}$ とすると

$$\vec{g_1} = \dfrac{\vec{a}+\vec{b}+\vec{c}}{3}$$

また，$\vec{l} = \dfrac{\vec{b}+\vec{c}}{2}$, $\vec{m} = \dfrac{\vec{c}+\vec{a}}{2}$, $\vec{n} = \dfrac{\vec{a}+\vec{b}}{2}$

であるから

$$\vec{g_2} = \dfrac{\vec{l}+\vec{m}+\vec{n}}{3}$$

$$= \dfrac{1}{3}\left(\dfrac{\vec{b}+\vec{c}}{2}+\dfrac{\vec{c}+\vec{a}}{2}+\dfrac{\vec{a}+\vec{b}}{2}\right)$$

$$= \dfrac{1}{3}\times\dfrac{2(\vec{a}+\vec{b}+\vec{c})}{2} = \dfrac{\vec{a}+\vec{b}+\vec{c}}{3}$$

よって　$\vec{g_1} = \vec{g_2}$

ゆえに，G_1 と G_2 は一致する。　終

重心の位置ベクトル

3点 A($\vec{a}$), B($\vec{b}$), C($\vec{c}$) を頂点とする △ABC において重心 G($\vec{g}$) は

$$\vec{g} = \dfrac{\vec{a}+\vec{b}+\vec{c}}{3}$$

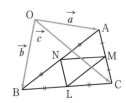

148 2 点 A$(\vec{a})$, B$(\vec{b})$ について，次の点の位置ベクトルを $\vec{a}$, $\vec{b}$ で表せ。

(1) 線分 AB を 5 : 2 に内分する点 P$(\vec{p})$，外分する点 Q$(\vec{q})$ ⟶例題62

(2) 線分 AB を 2 : 3 に内分する点 R$(\vec{r})$，外分する点 S$(\vec{s})$

149 3 点 A$(\vec{a})$, B$(\vec{b})$, C$(\vec{c})$ を頂点とする △ABC において，辺 BC を 3 : 1 に内分，外分する点をそれぞれ P，Q，辺 AC の中点を R とするとき，次のベクトルを $\vec{a}$, $\vec{b}$, $\vec{c}$ で表せ。

(1) $\overrightarrow{AP}$　　　　(2) $\overrightarrow{BR}$　　　　(3) $\overrightarrow{RQ}$

150 3 点 A$(\vec{a})$, B$(\vec{b})$, C$(\vec{c})$ を頂点とする △ABC において，重心を G とするとき，等式 $\overrightarrow{GA}+\overrightarrow{GB}+\overrightarrow{GC}=\vec{0}$ が成り立つことを示せ。

151 2 点 A$(\vec{a})$, B$(\vec{b})$ について，点 B に関して点 A と対称な点 C の位置ベクトル $\vec{c}$ を $\vec{a}$, $\vec{b}$ で表せ。

152 3 点 A$(\vec{a})$, B$(\vec{b})$, C$(\vec{c})$ を頂点とする △ABC において，辺 BC，CA，AB を 3 : 2 に内分する点をそれぞれ D，E，F とするとき，△ABC の重心 G_1 と △DEF の重心 G_2 は一致することを示せ。 ⟶例題63

153 平面上の 4 点 A$(\vec{a})$, B$(\vec{b})$, C$(\vec{c})$, D$(\vec{d})$ を頂点とする四角形 ABCD において，辺 AB，CD の中点をそれぞれ P，Q とするとき，等式 $\overrightarrow{AD}+\overrightarrow{BC}=2\overrightarrow{PQ}$ が成り立つことを示せ。

154 平面上に 4 点 A$(\vec{a})$, B$(\vec{b})$, C$(\vec{c})$, D$(\vec{d})$ を頂点とする四角形 ABCD と点 P$(\vec{p})$ があり，等式 $\overrightarrow{PA}+\overrightarrow{PC}=\overrightarrow{PB}+\overrightarrow{PD}$ が成り立つとき，この四角形はどのような四角形か。

155 平面上に 3 点 A$(\vec{a})$, B$(\vec{b})$, C$(\vec{c})$ を頂点とする △ABC と点 P$(\vec{p})$ があり，次の等式が成り立つとき，$\vec{p}$ を $\vec{a}$, $\vec{b}$, $\vec{c}$ で表せ。また，点 P はどのような位置にあるか。

(1) $\overrightarrow{PA}+\overrightarrow{PB}=\vec{0}$　　(2) $2\overrightarrow{PB}+3\overrightarrow{PC}=\vec{0}$　　(3) $\overrightarrow{BP}+2\overrightarrow{CB}=\vec{0}$

24 ベクトルの図形への応用

一直線上にある3点 國**157**

平行四辺形 ABCD において，対角線 BD を 1:2 に内分する点を E，辺 BC の中点を F とするとき，3点 A, E, F は一直線上にあることを示せ。また，点 E は AF をどのような比に分ける点か。

証明 $\overrightarrow{AB}=\vec{b}$, $\overrightarrow{AD}=\vec{d}$ とすると

$$\overrightarrow{AE}=\frac{2\overrightarrow{AB}+1\overrightarrow{AD}}{1+2}=\frac{1}{3}(2\vec{b}+\vec{d})$$

$$\overrightarrow{AF}=\frac{\overrightarrow{AB}+\overrightarrow{AC}}{2}$$ ◯ $\overrightarrow{AF}=\overrightarrow{AB}+\overrightarrow{BF}=\vec{b}+\frac{1}{2}\vec{d}$ と計算してもよい

$$=\frac{\vec{b}+(\vec{b}+\vec{d})}{2}=\frac{1}{2}(2\vec{b}+\vec{d})$$

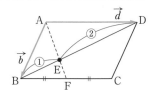

よって $\overrightarrow{AE}=\frac{2}{3}\overrightarrow{AF}$ ◯ $2\vec{b}+\vec{d}=2\overrightarrow{AF}$ より $\overrightarrow{AE}=\frac{1}{3}\times 2\overrightarrow{AF}$

ゆえに，3点A, E, Fは一直線上にある。 **終**

また，点 E は **AF を 2:1 に内分する点**

エクセル 3点 A, B, C が一直線上の証明 ➡ $\overrightarrow{AB}=k\overrightarrow{AC}$ （k は実数)を示す

交点の位置ベクトル 國**160**

△OAB において，辺 OA を 2:1 に内分する点を C，辺 OB を 3:2 に内分する点を D とし，AD と BC の交点を P とする。$\overrightarrow{OA}=\vec{a}$, $\overrightarrow{OB}=\vec{b}$ とするとき，$\overrightarrow{OP}$ を $\vec{a}$, $\vec{b}$ で表せ。

解 AP:PD$=s:(1-s)$ とおくと

$$\overrightarrow{OP}=(1-s)\overrightarrow{OA}+s\overrightarrow{OD}=(1-s)\vec{a}+\frac{3}{5}s\vec{b} \quad \cdots\cdots①$$

BP:PC$=t:(1-t)$ とおくと

$$\overrightarrow{OP}=(1-t)\overrightarrow{OB}+t\overrightarrow{OC}=\frac{2}{3}t\vec{a}+(1-t)\vec{b} \quad \cdots\cdots②$$

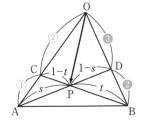

①，②より $(1-s)\vec{a}+\frac{3}{5}s\vec{b}=\frac{2}{3}t\vec{a}+(1-t)\vec{b}$

$\vec{a}$ と $\vec{b}$ は1次独立であるから $1-s=\frac{2}{3}t$ かつ $\frac{3}{5}s=1-t$

これを解いて $s=\frac{5}{9}$, $t=\frac{2}{3}$

$s=\frac{5}{9}$ を①に代入して $\overrightarrow{OP}=\frac{4}{9}\vec{a}+\frac{1}{3}\vec{b}$ ◯ $t=\frac{2}{3}$ を②に代入してもよい

エクセル $m\vec{a}+n\vec{b}=m'\vec{a}+n'\vec{b}$ ➡ $m=m'$, $n=n'$ (ただし，$\vec{a}\neq\vec{0}$, $\vec{b}\neq\vec{0}$, $\vec{a}\not\parallel\vec{b}$)

156 3点 A$(-2, 3)$, B$(1, y)$, C$(3, -7)$ が一直線上にあるように実数 y の値を定めよ。

157 △ABC において,辺 AB を $1:2$ に内分する点を P,辺 AC の中点を Q,辺 BC を $2:1$ に外分する点を R とする。$\overrightarrow{AB}=\vec{b}$, $\overrightarrow{AC}=\vec{c}$ とするとき,次の問いに答えよ。 ↩例題64

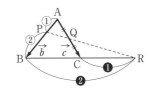

(1) $\overrightarrow{PQ}$, $\overrightarrow{PR}$ を $\vec{b}$, $\vec{c}$ で表せ。

(2) 3点 P, Q, R は一直線上にあることを示せ。

(3) 点 Q は PR をどのような比に分ける点か。

158 △OAB において,辺 OA,OB の中点をそれぞれ M,N とするとき,MN∥AB,MN$=\dfrac{1}{2}$AB である。このことをベクトルを用いて証明せよ。

159 △ABC において,辺 AB を $5:2$ に内分する点を D,辺 AC を $5:3$ に内分する点を E とするとき,線分 DE は △ABC の重心 G を通ることを示せ。

160 △OAB において,辺 OA を $3:1$ に内分する点を C,辺 OB を $1:2$ に内分する点を D とし,AD と BC の交点を P とする。$\overrightarrow{OA}=\vec{a}$, $\overrightarrow{OB}=\vec{b}$ とするとき,$\overrightarrow{OP}$ を $\vec{a}$, $\vec{b}$ で表せ。 ↩例題65

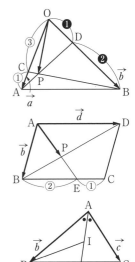

161 平行四辺形 ABCD において,辺 BC を $2:1$ に内分する点を E とし,AE と BD の交点を P とする。$\overrightarrow{AB}=\vec{b}$, $\overrightarrow{AD}=\vec{d}$ とするとき,$\overrightarrow{AP}$ を $\vec{b}$, $\vec{d}$ で表せ。

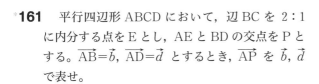

162 △ABC において,AB$=5$,BC$=6$,CA$=4$ とし,∠A の二等分線と辺 BC の交点を D とする。$\overrightarrow{AB}=\vec{b}$, $\overrightarrow{AC}=\vec{c}$ とするとき,次の問いに答えよ。

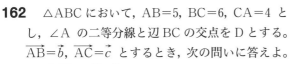

(1) $\overrightarrow{AD}$ を $\vec{b}$, $\vec{c}$ で表せ。

(2) △ABC の内心を I とするとき,$\overrightarrow{AI}$ を $\vec{b}$, $\vec{c}$ で表せ。

Step UP 例題 66　位置ベクトルの応用

△ABC において，辺 BC，CA，AB を $1:2$ に内分する点をそれぞれ P，Q，R とするとき，等式 $\overrightarrow{AP}+\overrightarrow{BQ}+\overrightarrow{CR}=\vec{0}$ が成り立つことを示せ。

証明　$\overrightarrow{AB}=\vec{b}$，$\overrightarrow{AC}=\vec{c}$ とする。

◎点 A を基準とする位置ベクトルを考えることで，与式の左辺を変形できるようにする

$\overrightarrow{AP}=\dfrac{2\vec{b}+\vec{c}}{3}$，$\overrightarrow{AQ}=\dfrac{2}{3}\vec{c}$，$\overrightarrow{AR}=\dfrac{1}{3}\vec{b}$ であるから

$\overrightarrow{AP}+\overrightarrow{BQ}+\overrightarrow{CR}=\overrightarrow{AP}+(\overrightarrow{AQ}-\overrightarrow{AB})+(\overrightarrow{AR}-\overrightarrow{AC})$

$=\dfrac{2\vec{b}+\vec{c}}{3}+\left(\dfrac{2}{3}\vec{c}-\vec{b}\right)+\left(\dfrac{1}{3}\vec{b}-\vec{c}\right)=\vec{0}$ 　終

エクセル　位置ベクトルの利用 ➡ 基準の点は原点以外でもよい

（頂点，分点，重心なども考えてみる）

*163　△ABC において，辺 BC，CA，AB の中点をそれぞれ L，M，N とし，重心を G とするとき，等式 $\overrightarrow{GL}+\overrightarrow{GM}+\overrightarrow{GN}=\vec{0}$ が成り立つことを示せ。

Step UP 例題 67　点の位置

△ABC の内部の点 P について，等式 $\overrightarrow{PA}+2\overrightarrow{PB}+3\overrightarrow{PC}=\vec{0}$ が成り立つとき，点 P はどのような位置にあるか。

解　等式より　$-\overrightarrow{AP}+2(\overrightarrow{AB}-\overrightarrow{AP})+3(\overrightarrow{AC}-\overrightarrow{AP})=\vec{0}$

◎始点を A にそろえる

よって　$\overrightarrow{AP}=\dfrac{2\overrightarrow{AB}+3\overrightarrow{AC}}{6}=\dfrac{5}{6}\times\dfrac{2\overrightarrow{AB}+3\overrightarrow{AC}}{3+2}$

ここで，$\overrightarrow{AD}=\dfrac{2\overrightarrow{AB}+3\overrightarrow{AC}}{3+2}$ とおくと　$\overrightarrow{AP}=\dfrac{5}{6}\overrightarrow{AD}$

ゆえに，**辺 BC を $3:2$ に内分する点を D とすると，点 P は 線分 AD を $5:1$ に内分する点**

エクセル　$a\overrightarrow{PA}+b\overrightarrow{PB}+c\overrightarrow{PC}=\vec{0}$ の問題 ➡ $\overrightarrow{AP}=k\times\dfrac{n\overrightarrow{AB}+m\overrightarrow{AC}}{m+n}$ の形を導く

164　平面上に △ABC と点 P があり，等式 $\overrightarrow{PA}+\overrightarrow{PB}+\overrightarrow{PC}=\overrightarrow{BC}$ が成り立つとき，点 P はどのような位置にあるか。

*165　△ABC の内部の点 P について，等式 $3\overrightarrow{PA}+4\overrightarrow{PB}+5\overrightarrow{PC}=\vec{0}$ が成り立つ。

(1)　点 P はどのような位置にあるか。

(2)　三角形の面積比 △PBC：△PCA：△PAB を求めよ。

Step UP 例題 68 　内積と図形の性質

AB＝AC である二等辺三角形の辺 BC の中点を M とする。このとき，AM⊥BC であることをベクトルを用いて証明せよ。

証明 $\overrightarrow{AB}=\vec{b}$, $\overrightarrow{AC}=\vec{c}$ とする。

M は辺 BC の中点であるから

$$\overrightarrow{AM}=\frac{\vec{b}+\vec{c}}{2}$$

また $\overrightarrow{BC}=\vec{c}-\vec{b}$ より

> **垂直条件**
> $\vec{a}\neq\vec{0}$, $\vec{b}\neq\vec{0}$ のとき
> $\vec{a}\perp\vec{b}\iff\vec{a}\cdot\vec{b}=0$

$$\overrightarrow{AM}\cdot\overrightarrow{BC}=\frac{\vec{b}+\vec{c}}{2}\cdot(\vec{c}-\vec{b})=\frac{1}{2}(\vec{c}+\vec{b})\cdot(\vec{c}-\vec{b})=\frac{1}{2}(|\vec{c}|^2-|\vec{b}|^2)$$

◉ AM⊥BC は $\overrightarrow{AM}\cdot\overrightarrow{BC}=0$ を示す

ここで，AB＝AC より $|\vec{b}|=|\vec{c}|$　　よって　$\overrightarrow{AM}\cdot\overrightarrow{BC}=0$

ゆえに　AM⊥BC　**終**

166 △ABC において，$\overrightarrow{AB}\cdot\overrightarrow{BC}=\overrightarrow{CA}\cdot\overrightarrow{BC}$ が成り立つとき，この三角形は二等辺三角形であることを証明せよ。

***167** ∠A＝90° の直角三角形 ABC において，辺 BC を 2：1 に内分する点を P，辺 CA の中点を Q とする。このとき，AP⊥BQ ならば AB＝AC が成り立つことを，ベクトルを用いて証明せよ。

Step UP 例題 69 　中線定理

△ABC において，辺 BC の中点を M とする。このとき，等式 AB²＋AC²＝2(AM²＋BM²) が成り立つことを，ベクトルを用いて証明せよ。

証明 $\overrightarrow{AB}=\vec{b}$, $\overrightarrow{AC}=\vec{c}$ とする。

$\overrightarrow{AM}=\dfrac{\vec{b}+\vec{c}}{2}$, $\overrightarrow{BM}=\dfrac{1}{2}\overrightarrow{BC}=\dfrac{\vec{c}-\vec{b}}{2}$ であるから

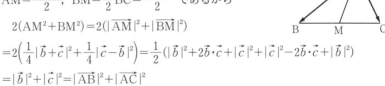

$$2(AM^2+BM^2)=2(|\overrightarrow{AM}|^2+|\overrightarrow{BM}|^2)$$
$$=2\left(\frac{1}{4}|\vec{b}+\vec{c}|^2+\frac{1}{4}|\vec{c}-\vec{b}|^2\right)=\frac{1}{2}(|\vec{b}|^2+2\vec{b}\cdot\vec{c}+|\vec{c}|^2+|\vec{c}|^2-2\vec{b}\cdot\vec{c}+|\vec{b}|^2)$$
$$=|\vec{b}|^2+|\vec{c}|^2=|\overrightarrow{AB}|^2+|\overrightarrow{AC}|^2$$

よって　AB²＋AC²＝2(AM²＋BM²)　**終**

エクセル 　長さの2乗は内積利用 ➡ $AB^2=|\overrightarrow{AB}|^2=\overrightarrow{AB}\cdot\overrightarrow{AB}$

168 上の例題で，$\overrightarrow{MA}=\vec{a}$, $\overrightarrow{MB}=\vec{b}$ として，等式が成り立つことを証明せよ。

***169** △ABC の辺 BC の3等分点のうち，B に近いほうを D とするとき，等式 2AB²＋AC²＝3(AD²＋2BD²) が成り立つことを，ベクトルを用いて証明せよ。

26 ベクトル方程式

例題 70 **直線のベクトル方程式と媒介変数表示** 題170,171

次の直線の方程式を媒介変数 t を用いて表せ。

(1) 点 A$(3, -4)$ を通り，$\vec{d}=(-1, 2)$ に平行な直線

(2) 2点 A$(3, 5)$，B$(8, 2)$ を通る直線

解 原点を O，直線上の点を P(x, y) とすると

(1) $\overrightarrow{OP}=\overrightarrow{OA}+t\vec{d}$ より

$(x, y)=(3, -4)+t(-1, 2)=(3-t, -4+2t)$

よって $x=3-t,\ y=-4+2t$

(2) $\overrightarrow{OP}=(1-t)\overrightarrow{OA}+t\overrightarrow{OB}$ より

$\overrightarrow{OP}=\overrightarrow{OA}+t\overrightarrow{AB}$
$=\overrightarrow{OA}+t(\overrightarrow{OB}-\overrightarrow{OA})$

$(x, y)=(1-t)(3, 5)+t(8, 2)=(3+5t, 5-3t)$

よって $x=3+5t,\ y=5-3t$

> **直線のベクトル方程式**
> ① 点 A$(\vec{a})$ を通り，$\vec{d}$ に平行な直線
> $\vec{p}=\vec{a}+t\vec{d}$
> （$\vec{d}$：方向ベクトル）
> ② 2点 A$(\vec{a})$，B$(\vec{b})$ を通る直線
> $\vec{p}=(1-t)\vec{a}+t\vec{b}$

(1)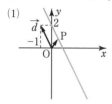

(2)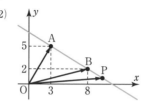

例題 71 **ベクトルに垂直な直線** 題173

点 A$(2, 5)$ を通り，$\vec{n}=(4, -3)$ に垂直な直線の方程式を求めよ。

解 直線上の点を P(x, y) とすると

$\vec{n}\perp\overrightarrow{AP}$ または $\overrightarrow{AP}=\vec{0}$ より

$\vec{n}\cdot\overrightarrow{AP}=0$

$\overrightarrow{AP}=(x-2, y-5)$ であるから

$4(x-2)-3(y-5)=0$

よって $4x-3y+7=0$

> **直線のベクトル方程式**
> ③ 点 A$(\vec{a})$ を通り，$\vec{n}$ に垂直な直線
> $\vec{n}\cdot\overrightarrow{AP}=0$
> すなわち
> $\vec{n}\cdot(\vec{p}-\vec{a})=0$
> （$\vec{n}$：法線ベクトル）

例題 72 **円のベクトル方程式** 題174

点 C$(5, -2)$ を中心とする半径 3 の円の方程式を，ベクトルを用いて求めよ。

解 円周上の点を P(x, y) とすると

$|\overrightarrow{CP}|=3$ より $|\overrightarrow{CP}|^2=9$

$\overrightarrow{CP}=(x-5, y+2)$ であるから

$(x-5)^2+(y+2)^2=9$

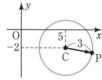

> **円のベクトル方程式**
> 中心 C$(\vec{c})$，半径 r の円は
> $|\overrightarrow{CP}|=r$
> すなわち $|\vec{p}-\vec{c}|=r$

A

170 次の点 A を通り，$\vec{d}$ に平行な直線の方程式を媒介変数 t を用いて表せ。
また，t を消去した式で表せ。 ➡例題70

*(1) A$(2,\ 1)$, $\vec{d}=(3,\ -2)$　　　(2) A$(-3,\ -5)$, $\vec{d}=(1,\ 2)$

171 次の2点 A，B を通る直線の方程式を媒介変数 t を用いて表せ。また，
t を消去した式で表せ。 ➡例題70

*(1) A$(-3,\ -1)$, B$(1,\ 2)$　　　(2) A$(4,\ 0)$, B$(0,\ 3)$

172 2点 A$(\vec{a})$，B$(\vec{b})$ に対して，点 P の位置ベクトルが $\vec{p}=(1-t)\vec{a}+t\vec{b}$
（t は実数）で表されているとき，次の各場合について，
点 P の位置を図示せよ。

*(1) $t=0$　　　(2) $t=\dfrac{1}{4}$　　　*(3) $t=\dfrac{1}{2}$

(4) $t=\dfrac{3}{4}$　　　*(5) $t=2$　　　*(6) $t=-1$

173 次の点 A を通り，$\vec{n}$ に垂直な直線の方程式を求めよ。 ➡例題71

(1) A$(4,\ -2)$, $\vec{n}(-1,\ 3)$　　　*(2) A$(-1,\ 4)$, $\vec{n}=(3,\ 5)$

174 次の円の方程式を，ベクトルを用いて求めよ。 ➡例題72

(1) 中心 O$(0,\ 0)$，半径 $\sqrt{5}$　　　*(2) 中心 C$(3,\ -1)$，半径 2

B

175 次の2直線のなす角 θ をそれぞれの直線の法線ベクトルを用いて求めよ。
ただし，$0°\leqq\theta\leqq90°$ とする。

*(1) $2x-y+1=0$, $x-3y+6=0$　　　(2) $2x-3y-6=0$, $x+5y-5=0$

176 次の図形の方程式をベクトルを用いて求めよ。

(1) 2点 A$(2,\ 3)$, B$(-4,\ -1)$ を直径の両端とする円

(2) 点 C$(4,\ 3)$ を中心として点 A$(2,\ 1)$ を通る円，およびその円の点 A
における接線

*177 2つの定点 A，B と動点 P の位置ベクトルをそれぞれ $\vec{a}$, $\vec{b}$, $\vec{p}$ とするとき，
次のベクトル方程式を満たす点 P は，どのような図形上にあるか。ただし，
$\vec{a}\neq\vec{0}$, $\vec{b}\neq\vec{0}$ とする。

(1) $(\vec{p}-\vec{a})\cdot\vec{b}=0$　　　(2) $\vec{p}\cdot\vec{p}=2\vec{p}\cdot\vec{a}$

ベクトル方程式の応用

Step UP 例題 73　ベクトル方程式 $\overrightarrow{OP}=s\overrightarrow{OA}+t\overrightarrow{OB}$ の表す図形

△OAB に対して，$\overrightarrow{OP}=s\overrightarrow{OA}+t\overrightarrow{OB}$ とする。s, t が次の条件を満たすとき，点 P はどのような図形上にあるか。

(1)　$s+t=\dfrac{1}{2}$　　　(2)　$2s+3t=1$　　　(3)　$2s+3t=1$, $s\geqq 0$, $t\geqq 0$

解　(1)　$s+t=\dfrac{1}{2}$ より　$2s+2t=1$　　　　　　　　　　　◉ 右辺を 1 にする

ここで　$\overrightarrow{OP}=2s\left(\dfrac{1}{2}\overrightarrow{OA}\right)+2t\left(\dfrac{1}{2}\overrightarrow{OB}\right)$ と変形できるから

$2s=s'$, $2t=t'$ とおき，$\dfrac{1}{2}\overrightarrow{OA}=\overrightarrow{OA'}$, $\dfrac{1}{2}\overrightarrow{OB}=\overrightarrow{OB'}$

となるような点 A′，B′ をとると

$\overrightarrow{OP}=s'\overrightarrow{OA'}+t'\overrightarrow{OB'}$　$(s'+t'=1)$

よって，点 P は右の図の **直線 A′B′ 上** にある。

◉ A′ は辺 OA の中点，
B′ は辺 OB の中点

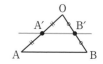

(2)　$\overrightarrow{OP}=2s\left(\dfrac{1}{2}\overrightarrow{OA}\right)+3t\left(\dfrac{1}{3}\overrightarrow{OB}\right)$ と変形できるから

$2s=s'$, $3t=t'$ とおき，$\dfrac{1}{2}\overrightarrow{OA}=\overrightarrow{OA'}$, $\dfrac{1}{3}\overrightarrow{OB}=\overrightarrow{OB'}$

となるような点 A′，B′ をとると

$\overrightarrow{OP}=s'\overrightarrow{OA'}+t'\overrightarrow{OB'}$　$(s'+t'=1)$

よって，点 P は右の図の **直線 A′B′ 上** にある。

A′ は辺 OA の中点，
B′ は辺 OB の 3 等分点の
◉ うち O に近いほうの点

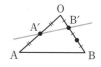

(3)　(2)より

$\overrightarrow{OP}=s'\overrightarrow{OA'}+t'\overrightarrow{OB'}$　$(s'+t'=1,\ s'\geqq 0,\ t'\geqq 0)$

であるから，点 P は右の図の **線分 A′B′ 上** にある。

エクセル　$\overrightarrow{OP}=s\overrightarrow{OA}+t\overrightarrow{OB}$ ➡ $s+t=1$ のとき，点 P は直線 AB 上

$s+t=1$, $s\geqq 0$, $t\geqq 0$ のとき，点 P は線分 AB 上

---

*178　△OAB に対して，$\overrightarrow{OP}=s\overrightarrow{OA}+t\overrightarrow{OB}$ とする。s, t が次の条件を満たすとき，点 P はどのような図形上にあるか。

(1)　$s+t=\dfrac{1}{3}$　　　　　　　　　　(2)　$s+2t=2$, $s\geqq 0$, $t\geqq 0$

179　△OAB に対して，$\overrightarrow{OP}=s\overrightarrow{OA}+t\overrightarrow{OB}$ とする。s, t が次の条件を満たすとき，点 P の存在範囲を図示せよ。

(1)　$0\leqq s\leqq 1$, $0\leqq t\leqq 2$

(2)　$3s+t\leqq 2$, $s\geqq 0$, $t\geqq 0$

(3)　$1\leqq s+t\leqq 3$

Step UP 例題 74　角の二等分線のベクトル方程式

$\overrightarrow{OA}=\vec{a}$, $\overrightarrow{OB}=\vec{b}$ $(\vec{a}\neq\vec{0},\ \vec{b}\neq\vec{0},\ \vec{a}\nparallel\vec{b})$ のとき，∠AOB の二等分線の

ベクトル方程式は，t を実数として $\vec{p}=t\left(\dfrac{\vec{a}}{|\vec{a}|}+\dfrac{\vec{b}}{|\vec{b}|}\right)$ で表されることを示せ。

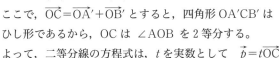

証明　$\vec{a}$, $\vec{b}$ と同じ向きの単位ベクトルは，それぞれ

$$\overrightarrow{OA'}=\dfrac{\vec{a}}{|\vec{a}|},\quad \overrightarrow{OB'}=\dfrac{\vec{b}}{|\vec{b}|}$$

ここで，$\overrightarrow{OC}=\overrightarrow{OA'}+\overrightarrow{OB'}$ とすると，四角形 OA′CB′ は

ひし形であるから，OC は ∠AOB を 2 等分する。

よって，二等分線の方程式は，t を実数として　$\vec{p}=t\overrightarrow{OC}$

ゆえに　$\vec{p}=t\left(\dfrac{\vec{a}}{|\vec{a}|}+\dfrac{\vec{b}}{|\vec{b}|}\right)$　終

180　3 点 O(0, 0)，A(−5, 12)，B(4, 3) に対して，∠AOB の二等分線の
方程式をベクトルを用いて求めよ。

181　2 点 A(−2, 6)，B(1, −3) に対して，線分 AB の垂直二等分線の方程式
をベクトルを用いて求めよ。

Step UP 例題 75　正射影ベクトル

同一直線上にない 3 点 O，A，B があり，$\overrightarrow{OA}=\vec{a}$，
$\overrightarrow{OB}=\vec{b}$ とする。点 B から直線 OA に引いた垂線を

BH とすると，$\overrightarrow{OH}=\dfrac{\vec{a}\cdot\vec{b}}{|\vec{a}|^2}\vec{a}$ であることを示せ。

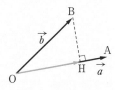

証明　点 H は直線 OA 上の点であるから　$\overrightarrow{OH}=k\vec{a}$ を満たす実数 k が存在する。

よって　$\overrightarrow{BH}=\overrightarrow{OH}-\overrightarrow{OB}=k\vec{a}-\vec{b}$

ここで，$\overrightarrow{OA}\perp\overrightarrow{BH}$　より　$\overrightarrow{OA}\cdot\overrightarrow{BH}=0$

ゆえに　$\vec{a}\cdot(k\vec{a}-\vec{b})=0$　すなわち　$k|\vec{a}|^2-\vec{a}\cdot\vec{b}=0$

$|\vec{a}|\neq0$ より　$k=\dfrac{\vec{a}\cdot\vec{b}}{|\vec{a}|^2}$　したがって　$\overrightarrow{OH}=\dfrac{\vec{a}\cdot\vec{b}}{|\vec{a}|^2}\vec{a}$　終

$\overrightarrow{OH}$ を，$\overrightarrow{OB}$ の
$\overrightarrow{OA}$ 上への正射影
ベクトルという

182　上の例題の結果を利用して，次の点 B から直線 l に引いた垂線の足 H の
座標を求めよ。

(1)　B(−2, 2)，$l : y=\dfrac{1}{3}x$　　　　(2)　B(1, 4)，$l : y=-2x$

183　点 P(5, 2) から直線 $l : 3x-2y+2=0$ に引いた垂線の足 H の座標を，
ベクトルを用いて求めよ。

28 空間の座標とベクトル

例題 76 **座標空間の対称な点**　　　　　　　　　　　　　　　　類**184**

次のものに関して，点 $(2,\ 3,\ 1)$ と対称な点の座標を求めよ。

(1) xy 平面　　　　　　(2) z 軸　　　　　　(3) 原点

解 (1) $(2,\ 3,\ -1)$　　　　(2) $(-2,\ -3,\ 1)$

(3) $(-2,\ -3,\ -1)$

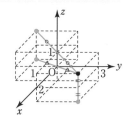

エクセル 点 $(a,\ b,\ c)$ と

・xy 平面に関して対称な点 ➡ $(a,\ b,\ -c)$

・z 軸に関して対称な点 ➡ $(-a,\ -b,\ c)$

・原点に関して対称な点 ➡ $(-a,\ -b,\ -c)$

例題 77 **空間の 2 点間の距離**　　　　　　　　　　　　　　類**186,187**

原点 O と 2 点 A$(2,\ 1,\ -2)$, B$(1,\ 2,\ 2)$ について，次の問いに答えよ。

(1) 2 点 A，B 間の距離を求めよ。　(2) △OAB はどのような形の三角形か。

解 (1) $AB=\sqrt{(1-2)^2+(2-1)^2+\{2-(-2)\}^2}$

　　　　　$=3\sqrt{2}$

(2) $OA=\sqrt{2^2+1^2+(-2)^2}=3$

　　$OB=\sqrt{1^2+2^2+2^2}=3$

よって　$OA=OB$ かつ $OA^2+OB^2=AB^2$

ゆえに，$\angle AOB=90°$ の直角二等辺三角形

> **2 点間の距離**
>
> A$(a_1,\ a_2,\ a_3)$, B$(b_1,\ b_2,\ b_3)$ について
> $AB=\sqrt{(b_1-a_1)^2+(b_2-a_2)^2+(b_3-a_3)^2}$
> とくに，原点 O と A について
> $OA=\sqrt{a_1^2+a_2^2+a_3^2}$

エクセル 三角形の形状 ➡ 3 辺の長さを計算して考える

例題 78 **空間のベクトル**　　　　　　　　　　　類**188**

右の平行六面体において，次のベクトルを $\vec{a},\ \vec{b},\ \vec{c}$ で表せ。

(1) $\overrightarrow{AC}$　　　(2) $\overrightarrow{BD}$　　　(3) $\overrightarrow{EM}$

(4) $\overrightarrow{AG}$　　　(5) $\overrightarrow{HB}$　　　(6) $\overrightarrow{DM}$

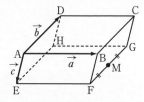

解 (1) $\overrightarrow{AC}=\overrightarrow{AB}+\overrightarrow{BC}=\vec{a}+\vec{b}$

(2) $\overrightarrow{BD}=\overrightarrow{AD}-\overrightarrow{AB}=\vec{b}-\vec{a}=-\vec{a}+\vec{b}$

(3) $\overrightarrow{EM}=\overrightarrow{EF}+\overrightarrow{FM}=\vec{a}+\dfrac{1}{2}\vec{b}$

(4) $\overrightarrow{AG}=\overrightarrow{AB}+\overrightarrow{BC}+\overrightarrow{CG}=\vec{a}+\vec{b}+\vec{c}$

(5) $\overrightarrow{HB}=\overrightarrow{HG}+\overrightarrow{GF}+\overrightarrow{FB}=\vec{a}+(-\vec{b})+(-\vec{c})=\vec{a}-\vec{b}-\vec{c}$

(6) $\overrightarrow{DM}=\overrightarrow{DC}+\overrightarrow{CG}+\overrightarrow{GM}=\vec{a}+\vec{c}+\left(-\dfrac{1}{2}\vec{b}\right)=\vec{a}-\dfrac{1}{2}\vec{b}+\vec{c}$

> **ベクトルの和と差**
>
> $\overrightarrow{AB}=A\blacksquare+\blacksquare B$
> $\overrightarrow{AB}=\bullet B-\bullet A$

A

184 次のものに関して，点 $(1, 3, -2)$ と対称な点の座標を求めよ。 ↩ 例題76

*(1) xy 平面   (2) yz 平面   (3) zx 平面   (4) x 軸

*(5) y 軸   (6) z 軸   *(7) 原点

185 点 $(4, -5, 3)$ を通り，次の平面にそれぞれ平行な平面の方程式を求めよ。

*(1) xy 平面   (2) yz 平面   (3) zx 平面

*186** 次の 2 点間の距離を求めよ。 ↩ 例題77

(1) $O(0, 0, 0)$, $A(-1, 2, 2)$ (2) $A(1, -3, 1)$, $B(-1, 2, 3)$

*187** 次の 3 点を頂点とする △ABC は，どのような形の三角形か。 ↩ 例題77

(1) $A(2, 2, 4)$, $B(5, 4, -2)$, $C(-1, 2, 1)$

(2) $A(3, 2, 1)$, $B(5, 1, 3)$, $C(3, 4, 2)$

188 右の直方体において，$\overrightarrow{AB}=\vec{a}$, $\overrightarrow{AD}=\vec{b}$, $\overrightarrow{AE}=\vec{c}$
とする。辺 EF の中点を M，辺 DH の中点を N と
するとき，次のベクトルを $\vec{a}$, $\vec{b}$, $\vec{c}$ で表せ。

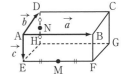

*(1) $\overrightarrow{AF}$ (2) $\overrightarrow{DB}$ *(3) $\overrightarrow{EC}$ ↩ 例題78

(4) $\overrightarrow{BH}$ *(5) $\overrightarrow{GA}$ (6) $\overrightarrow{FD}$

*(7) $\overrightarrow{MN}$ (8) $\overrightarrow{CM}$

B

*189** 2 点 $A(2, 0, 1)$, $B(0, 4, 3)$ から等距離にある z 軸上の点 C の座標を
求めよ。

190 2 点 $A(10, 0, 5)$, $B(0, 5, 10)$ がある。△ABC が正三角形となるよ
うに xy 平面上に点 C をとるとき，点 C の座標を定めよ。

191 立方体 ABCD−EFGH において，次の問いに答えよ。

(1) $\overrightarrow{AC}+\overrightarrow{AF}+\overrightarrow{AH}=2\overrightarrow{AG}$ が成り立つことを示せ。

(2) $\overrightarrow{BH}=x\overrightarrow{AC}+y\overrightarrow{AF}+z\overrightarrow{AH}$ を満たす実数 x, y, z の
値を求めよ。

ヒント **191** (1) $\overrightarrow{AB}=\vec{a}$, $\overrightarrow{AD}=\vec{b}$, $\overrightarrow{AE}=\vec{c}$ とおき，左辺，右辺をそれぞれ $\vec{a}$, $\vec{b}$, $\vec{c}$ で表す。
(2) $s\vec{a}+t\vec{b}+u\vec{c}=s'\vec{a}+t'\vec{b}+u'\vec{c}$ の形にすれば $s=s'$, $t=t'$, $u=u'$

29 空間ベクトルの成分と内積

例題 79　空間ベクトルの成分と大きさ・分解　　類192,198

$\vec{a}=(2,\ 1,\ 1),\ \vec{b}=(3,\ -2,\ 1),\ \vec{c}=(1,\ -1,\ 0)$ のとき，次の問いに答えよ。

(1) $2\vec{a}-3\vec{b}$ を成分で表し，その大きさを求めよ。

(2) $\vec{p}=(-2,\ 7,\ 1)$ を $s\vec{a}+t\vec{b}+u\vec{c}$ の形で表せ。

解 (1) $2\vec{a}-3\vec{b}=2(2,\ 1,\ 1)-3(3,\ -2,\ 1)$

$\qquad\qquad =(4,\ 2,\ 2)-(9,\ -6,\ 3)=\boldsymbol{(-5,\ 8,\ -1)}$

$\quad |2\vec{a}-3\vec{b}|=\sqrt{(-5)^2+8^2+(-1)^2}=\sqrt{90}=\boldsymbol{3\sqrt{10}}$

> **ベクトルの大きさ**
> $\vec{a}=(a_1,\ a_2,\ a_3)$ について
> $|\vec{a}|=\sqrt{a_1{}^2+a_2{}^2+a_3{}^2}$

(2) $s\vec{a}+t\vec{b}+u\vec{c}=s(2,\ 1,\ 1)+t(3,\ -2,\ 1)+u(1,\ -1,\ 0)$

$\qquad\qquad\qquad =(2s+3t+u,\ s-2t-u,\ s+t)$

$\quad \vec{p}=(-2,\ 7,\ 1)$ と成分を比較して

$\begin{cases} 2s+3t+u=-2 \\ s-2t-u=7 \\ s+t=1 \end{cases}$

これを解いて　$s=2,\ t=-1,\ u=-3$　　よって　$\boldsymbol{\vec{p}=2\vec{a}-\vec{b}-3\vec{c}}$

エクセル $\vec{p}$ を $s\vec{a}+t\vec{b}+u\vec{c}$ で表す ⇒ $s\vec{a}+t\vec{b}+u\vec{c}$ と $\vec{p}$ の成分を比較する

例題 80　空間ベクトルのなす角・垂直なベクトル　　類195,199

$\vec{a}=(1,\ 2,\ 3),\ \vec{b}=(-6,\ 2,\ -4)$ について，次の問いに答えよ。

(1) $\vec{a}$ と $\vec{b}$ のなす角 θ を求めよ。

(2) $\vec{a}$ と $\vec{b}$ の両方に垂直で，大きさが $3\sqrt{3}$ のベクトル $\vec{p}$ を求めよ。

解 (1) $\vec{a}\cdot\vec{b}=1\times(-6)+2\times2+3\times(-4)=-14$

$\quad |\vec{a}|=\sqrt{1^2+2^2+3^2}=\sqrt{14}$

$\quad |\vec{b}|=\sqrt{(-6)^2+2^2+(-4)^2}=2\sqrt{14}$

よって　$\cos\theta=\dfrac{\vec{a}\cdot\vec{b}}{|\vec{a}||\vec{b}|}=\dfrac{-14}{\sqrt{14}\times2\sqrt{14}}=-\dfrac{1}{2}$

$0°\leqq\theta\leqq180°$ より　$\boldsymbol{\theta=120°}$

> **空間ベクトルのなす角**
> $\vec{a}=(a_1,\ a_2,\ a_3)$
> $\vec{b}=(b_1,\ b_2,\ b_3)$
> のなす角を θ とすると
> $\cos\theta=\dfrac{\vec{a}\cdot\vec{b}}{|\vec{a}||\vec{b}|}$
> $=\dfrac{a_1b_1+a_2b_2+a_3b_3}{\sqrt{a_1{}^2+a_2{}^2+a_3{}^2}\sqrt{b_1{}^2+b_2{}^2+b_3{}^2}}$

(2) $\vec{p}=(x,\ y,\ z)$ とおくと

$\quad \vec{p}\perp\vec{a}$ より　$\vec{p}\cdot\vec{a}=x+2y+3z=0$　　……①

$\quad \vec{p}\perp\vec{b}$ より　$\vec{p}\cdot\vec{b}=-6x+2y-4z=0$　　……②

$\quad |\vec{p}|=3\sqrt{3}$ より　$|\vec{p}|^2=x^2+y^2+z^2=27$　　……③

①，②より $y,\ z$ を x で表すと　$y=x,\ z=-x$

これらを③に代入して整理すると　$x^2=9$

よって　$x=\pm3$

ゆえに　$\boldsymbol{\vec{p}=(3,\ 3,\ -3),\ (-3,\ -3,\ 3)}$

① − ②より
$\begin{array}{r} x+2y+3z=0 \\ -)\ -6x+2y-4z=0 \\ \hline 7x\qquad +7z=0 \end{array}$
$\qquad\qquad z=-x$
①に代入して
$\quad x+2y+3\cdot(-x)=0$
$\qquad\qquad y=x$

A

192 $\vec{a}=(1,\ -2,\ 1)$, $\vec{b}=(-2,\ 1,\ 6)$ のとき, 次のベクトルを成分で表し, その大きさを求めよ。 ↩ 例題79

*(1) $2\vec{a}$ (2) $4\vec{a}-\vec{b}$ *(3) $3\vec{a}-2(2\vec{a}-\vec{b})$

193 3点 A$(2,\ -3,\ 1)$, B$(3,\ -1,\ -1)$, C$(0,\ -1,\ 2)$ について, 次のベクトルを成分で表し, その大きさを求めよ。

*(1) $\overrightarrow{AB}$ (2) $\overrightarrow{AB}+\overrightarrow{AC}$ *(3) $2\overrightarrow{BC}-\overrightarrow{AC}$

194 1辺の長さが1の立方体 ABCD−EFGH において, 次の内積を求めよ。

(1) $\overrightarrow{AC}\cdot\overrightarrow{AD}$ *(2) $\overrightarrow{AF}\cdot\overrightarrow{AD}$ *(3) $\overrightarrow{AB}\cdot\overrightarrow{HG}$

*(4) $\overrightarrow{DB}\cdot\overrightarrow{FE}$ (5) $\overrightarrow{AC}\cdot\overrightarrow{AF}$ *(6) $\overrightarrow{AG}\cdot\overrightarrow{HF}$

195 次の2つのベクトルについて, その内積となす角 θ を求めよ。 ↩ 例題80

*(1) $\vec{a}=(1,\ 0,\ 1)$, $\vec{b}=(2,\ -1,\ 1)$ (2) $\vec{a}=(-2,\ 2,\ 1)$, $\vec{b}=(4,\ -5,\ 3)$

*(3) $\vec{a}=(2,\ -1,\ 3)$, $\vec{b}=(3,\ 0,\ -2)$

B

196 4点 A$(1,\ -3,\ 5)$, B$(x,\ 1,\ 2)$, C$(5,\ y,\ 4)$, D$(3,\ -6,\ z)$ を頂点とする四角形 ABCD が平行四辺形であるとき, $x,\ y,\ z$ の値を求めよ。

***197** $\vec{a}=(2,\ -2,\ 1)$ に平行で, 大きさが2のベクトル $\vec{p}$ を求めよ。

198 $\vec{a}=(1,\ 4,\ -1)$, $\vec{b}=(1,\ -2,\ 0)$, $\vec{c}=(2,\ -2,\ 1)$ のとき, 次のベクトルを $s\vec{a}+t\vec{b}+u\vec{c}$ の形で表せ。 ↩ 例題79

*(1) $\vec{p}=(7,\ 0,\ -1)$ (2) $\vec{q}=(3,\ 6,\ 2)$

***199** $\vec{a}=(3,\ -1,\ 0)$, $\vec{b}=(-4,\ 2,\ 1)$ のとき, 次の問いに答えよ。 ↩ 例題80

(1) $\vec{c}=(x,\ 6,\ z)$ が $\vec{a},\ \vec{b}$ の両方に垂直であるとき, $x,\ z$ の値を求めよ。

(2) $\vec{a},\ \vec{b}$ の両方に垂直な単位ベクトル $\vec{e}$ を求めよ。

***200** $\vec{a}=(-1,\ 2,\ 3)$, $\vec{b}=(2,\ 3,\ 1)$ について, $\vec{c}=\vec{a}+t\vec{b}$ (t は実数) とするとき, $|\vec{c}|$ の最小値とそのときの $\vec{c}$ を求めよ。

ヒント　**200** $|\vec{c}|^2$ を求め, t の2次関数とみる。

例題81 空間における分点と三角形の重心 類202,203

3 点 A$(2, -1, 3)$, B$(2, 2, -3)$, C$(-4, 2, -3)$ について，次の点の座標を求めよ。

(1) 線分 AB を $2:1$ に内分する点　(2) 線分 BC を $2:1$ に外分する点
(3) △ABC の重心

解 (1) $\left(\dfrac{1\times2+2\times2}{2+1}, \dfrac{1\times(-1)+2\times2}{2+1}, \dfrac{1\times3+2\times(-3)}{2+1}\right)$ より **$(2, 1, -1)$**

(2) $\left(\dfrac{-1\times2+2\times(-4)}{2-1}, \dfrac{-1\times2+2\times2}{2-1}, \dfrac{-1\times(-3)+2\times(-3)}{2-1}\right)$

より **$(-10, 2, -3)$**

(3) $\left(\dfrac{2+2+(-4)}{3}, \dfrac{(-1)+2+2}{3}, \dfrac{3+(-3)+(-3)}{3}\right)$ より **$(0, 1, -1)$**

分点と三角形の重心

3 点 A(x_1, y_1, z_1), B(x_2, y_2, z_2), C(x_3, y_3, z_3) について

① 線分 AB を $m:n$ に内分する点 $\left(\dfrac{nx_1+mx_2}{m+n}, \dfrac{ny_1+my_2}{m+n}, \dfrac{nz_1+mz_2}{m+n}\right)$

② 線分 AB を $m:n$ に外分する点 $\left(\dfrac{-nx_1+mx_2}{m-n}, \dfrac{-ny_1+my_2}{m-n}, \dfrac{-nz_1+mz_2}{m-n}\right)$

③ △ABC の重心 $\left(\dfrac{x_1+x_2+x_3}{3}, \dfrac{y_1+y_2+y_3}{3}, \dfrac{z_1+z_2+z_3}{3}\right)$

例題82 一直線上にある3点 類208

四面体 OABC において，$\overrightarrow{OA}=\vec{a}$, $\overrightarrow{OB}=\vec{b}$, $\overrightarrow{OC}=\vec{c}$ とする。△ABC の重心を G，辺 OA，BC の中点をそれぞれ M，N とするとき，線分 MN の中点 P は直線 OG 上にあることを示せ。また，OP:PG を求めよ。

証明 $\overrightarrow{OP}=\dfrac{1}{2}(\overrightarrow{OM}+\overrightarrow{ON})$　◀ P は MN の中点

$=\dfrac{1}{2}\left\{\dfrac{1}{2}\vec{a}+\dfrac{1}{2}(\vec{b}+\vec{c})\right\}$　◀ M, N はそれぞれ OA, BC の中点

$=\dfrac{1}{4}(\vec{a}+\vec{b}+\vec{c})$

$\overrightarrow{OG}=\dfrac{1}{3}(\vec{a}+\vec{b}+\vec{c})$　◀ G は △ABC の重心

よって $\overrightarrow{OP}=\dfrac{3}{4}\overrightarrow{OG}$　◀ $\vec{a}+\vec{b}+\vec{c}=3\overrightarrow{OG}$ より $\overrightarrow{OP}=\dfrac{1}{4}\times3\overrightarrow{OG}$

ゆえに，点 P は直線 OG 上にある。終

また，OP:PG=**3:1**

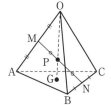

エクセル 「3点 A，B，C が一直線上」の証明 ➡ 空間でも，$\overrightarrow{AB}=k\overrightarrow{AC}$ を示す

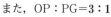

A

*201 空間の 3 点 A$(\vec{a})$, B$(\vec{b})$, C$(\vec{c})$ について, 次のベクトルを $\vec{a}$, $\vec{b}$, $\vec{c}$ で
表せ。

(1) $\overrightarrow{AB}$, $\overrightarrow{BC}$

(2) 線分 AB を 2:1 に内分する点 P の位置ベクトル $\vec{p}$

(3) 線分 AB を 5:2 に外分する点 Q の位置ベクトル $\vec{q}$

(4) △ABC の重心 G の位置ベクトル $\vec{g}$

202 次の 2 点を結ぶ線分 AB の中点, および 2:3 に内分, 外分する点の座標
を求めよ。　　　　　　　　　　　　　　　　　　　　　　　↪例題81

*(1) A$(1, 2, 3)$, B$(6, 7, -2)$　　(2) A$(2, 5, -1)$, B$(-3, 0, 4)$

203 3 点 A$(1, 4, -3)$, B$(2, -5, 1)$, C$(3, -2, 2)$ について, 次の点の
座標を求めよ。　　　　　　　　　　　　　　　　　　　　　↪例題81

*(1) △ABC の重心 G　　　(2) △ABD の重心が C であるときの頂点 D

*204 2 点 A$(1, 3, 2)$, B$(-1, 4, 1)$ と xy 平面上の点 C の 3 点が一直線上
にある。このとき, 点 C の座標を求めよ。

B

205 四面体 ABCD において, 辺 AB, CB, CD, AD を 2:1 に内分する点を
それぞれ P, Q, R, S とするとき, 四角形 PQRS は平行四辺形であること
を, 位置ベクトルを用いて証明せよ。

206 点 A$(3, -2, 1)$ に関して, 点 B$(1, 2, 3)$ と対称な点 C の座標を求めよ。

207 点 A が x 軸上の点で, 点 B が yz 平面上の点であり, 線分 AB を 3:1
に外分する点が C$(-1, 6, -3)$ であるとき, 2 点 A, B の座標を求めよ。

*208 四面体 OABC において, $\overrightarrow{OA}=\vec{a}$, $\overrightarrow{OB}=\vec{b}$,
$\overrightarrow{OC}=\vec{c}$ とする。辺 AB を 1:2 に内分する点
を L, 辺 OC の中点を M, 線分 LM を 2:3 に
内分する点を N, △OBC の重心を G とすると
き, 次の問いに答えよ。　　　　　　↪例題82

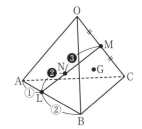

(1) $\overrightarrow{ON}$, $\overrightarrow{OG}$ を $\vec{a}$, $\vec{b}$, $\vec{c}$ で表せ。

(2) 3 点 A, N, G は一直線上にあることを示せ。

Step UP 例題 83　　直線上の点の表し方

2 点 A(3, 1, −1), B(1, 2, −4) を通る直線 l に, 点 P(3, −1, 3) から垂線 PH を下ろしたとき, 点 H の座標を求めよ。

解　点 H は直線 l 上の点であるから,

$\overrightarrow{OH}=\overrightarrow{OA}+t\overrightarrow{AB}$ (t は実数) と表される。

$\overrightarrow{AB}=(-2, 1, -3)$ より

$\overrightarrow{OH}=(3, 1, -1)+t(-2, 1, -3)$

$\quad\quad =(3-2t, 1+t, -1-3t)$

よって

$\overrightarrow{PH}=\overrightarrow{OH}-\overrightarrow{OP}=(3-2t, 1+t, -1-3t)-(3, -1, 3)$

$\quad\quad\quad =(-2t, 2+t, -4-3t)$

ここで, $\overrightarrow{PH}\perp\overrightarrow{AB}$ より $\overrightarrow{PH}\cdot\overrightarrow{AB}=0$ であるから

$-2t\times(-2)+(2+t)\times 1+(-4-3t)\times(-3)=0$

整理して　$14t+14=0$　ゆえに　$t=-1$

このとき, $\overrightarrow{OH}=(5, 0, 2)$ より　**H(5, 0, 2)**

（別解）$|\overrightarrow{PH}|$ が最小のとき, l と PH は垂直になる。

$\overrightarrow{PH}=(-2t, 2+t, -4-3t)$ より

$|\overrightarrow{PH}|^2=(-2t)^2+(2+t)^2+(-4-3t)^2$

$\quad\quad\quad =14t^2+28t+20=14(t+1)^2+6$

よって, $|\overrightarrow{PH}|$ は $t=-1$ のとき最小となる。

このとき, $\overrightarrow{OH}=(5, 0, 2)$ より　**H(5, 0, 2)**

◯ 距離が最小となるとき, 垂直になるから, 実際に PH の距離を求める

エクセル　点 H が直線 AB 上 ➡ $\overrightarrow{OH}=\overrightarrow{OA}+t\overrightarrow{AB}$

*209　2 点 A(1, 0, 3), B(7, 9, 0) を通る直線 l に, 点 P(0, 12, 9) から垂線 PH を下ろしたとき, 次の問いに答えよ。

(1) 点 H の座標を求めよ。　　　　(2) △ABP の面積 S を求めよ。

(3) 点 H を中心とし, zx 平面に接する球面の方程式を求めよ。

210　右の図のように, 座標空間に 1 辺の長さが 2 の立方体 ABCD−EFGH と 2 点 M(0, 0, 3), N(2, 4, −1) を通る直線 l がある。

(1) 直線 l と平面 ABCD, 平面 DCGH との交点の座標を求めよ。

(2) 直線 l 上の点と原点との距離の最小値を求めよ。

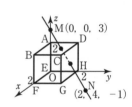

Step UP 例題 84 　3点を含む平面上の点の位置ベクトル

　原点を O として，一直線上にない 3 点 A，B，C の定める平面 α 上の任意の点 P の位置ベクトルは $\overrightarrow{OP}=s\overrightarrow{OA}+t\overrightarrow{OB}+u\overrightarrow{OC}$，$s+t+u=1$（$s$，$t$，$u$ は実数）と表せることを示せ。

証明　点 P は平面 α 上にあるから，$\overrightarrow{AP}=m\overrightarrow{AB}+n\overrightarrow{AC}$ となる実数 m，n が存在する。

$\overrightarrow{OP}-\overrightarrow{OA}=m(\overrightarrow{OB}-\overrightarrow{OA})+n(\overrightarrow{OC}-\overrightarrow{OA})$　と変形すると

$\overrightarrow{OP}=(1-m-n)\overrightarrow{OA}+m\overrightarrow{OB}+n\overrightarrow{OC}$

ここで　$1-m-n=s$，$m=t$，$n=u$　とおくと

$\overrightarrow{OP}=s\overrightarrow{OA}+t\overrightarrow{OB}+u\overrightarrow{OC}$，$s+t+u=1$　と表せる。　**終**

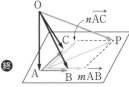

エクセル　平面 ABC 上の点 P　$\Rightarrow$　$\overrightarrow{AP}=m\overrightarrow{AB}+n\overrightarrow{AC}$　（m，n は実数）

*211　3 点 A$(1,-1,1)$，B$(2,-1,-1)$，C$(-1,2,-4)$ によって定められる平面上に点 P$(x,-4,2)$ があるとき，x の値を求めよ。

Step UP 例題 85 　直線と平面の交点の位置ベクトル

　直方体 OADB−CEGF において，辺 EG の中点を M とし，平面 ABC と OM との交点を P とする。このとき，$\overrightarrow{OP}$ を $\overrightarrow{OA}$，$\overrightarrow{OB}$，$\overrightarrow{OC}$ で表せ。

解　$\overrightarrow{OM}=\overrightarrow{OA}+\overrightarrow{AE}+\overrightarrow{EM}=\overrightarrow{OA}+\dfrac{1}{2}\overrightarrow{OB}+\overrightarrow{OC}$

点 P は直線 OM 上にあるから，

$\overrightarrow{OP}=k\overrightarrow{OM}$ となる実数 k が存在する。

よって　$\overrightarrow{OP}=k\overrightarrow{OA}+\dfrac{k}{2}\overrightarrow{OB}+k\overrightarrow{OC}$

ここで，P は平面 ABC 上にあるから

$k+\dfrac{k}{2}+k=1$　より　$k=\dfrac{2}{5}$

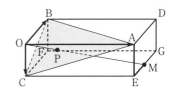

ゆえに　$\overrightarrow{OP}=\dfrac{2}{5}\overrightarrow{OA}+\dfrac{1}{5}\overrightarrow{OB}+\dfrac{2}{5}\overrightarrow{OC}$

エクセル　$\overrightarrow{OP}=s\overrightarrow{OA}+t\overrightarrow{OB}+u\overrightarrow{OC}$　$\Rightarrow$　P が平面 ABC 上にある条件は　$s+t+u=1$

*212　四面体 OABC の辺 OB，OC の中点をそれぞれ L，M とし，△ABC の重心を G とする。このとき，次の問いに答えよ。

(1)　$\overrightarrow{OG}$ を $\overrightarrow{OA}$，$\overrightarrow{OB}$，$\overrightarrow{OC}$ で表せ。

(2)　平面 ALM と線分 OG の交点を P とするとき，$\overrightarrow{OP}$ を $\overrightarrow{OA}$，$\overrightarrow{OB}$，$\overrightarrow{OC}$ で表せ。

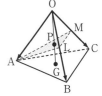

32 複素数平面

例題86 **複素数平面** 國**213**

次の複素数を複素数平面上に図示せよ。

(1) $z_1 = 4+2i$ (2) $z_2 = -2-i$ (3) $z_3 = 3$ (4) $z_4 = -2i$

解

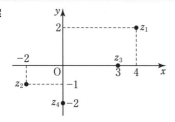

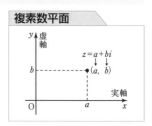

複素数平面

エクセル 複素数平面 ➡ 複素数 $a+bi$ を座標 (a, b) に対応させたもの

例題87 **共役な複素数，複素数の実数倍の図示** 國**215**

$z = 3+2i$ のとき，次の複素数を複素数平面上に図示せよ。

(1) z (2) $-z$ (3) $\bar{z}$ (4) iz

解 (2) $-z = -3-2i$

(3) $\bar{z} = 3-2i$

(4) $iz = i(3+2i) = -2+3i$

となるから，これらを図示すると
右のようになる。

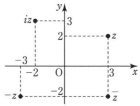

エクセル 複素数の表す点 ➡ z と $\bar{z}$ は実軸に関して対称，

z と $-z$ は原点に関して対称

例題88 **2点間の距離** 國**219**

原点 O，2点 $A(-1+2i)$，$B(2+3i)$ に対して，次の距離を求めよ。

(1) OA   (2) AB

解 (1) $OA = |-1+2i|$
$= \sqrt{(-1)^2 + 2^2}$
$= \sqrt{5}$

(2) $AB = |(2+3i)-(-1+2i)|$
$= |3+i|$
$= \sqrt{3^2 + 1^2}$
$= \sqrt{10}$

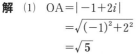

絶対値と距離

$z = a+bi$ のとき
$|z| = |a+bi| = \sqrt{a^2+b^2}$

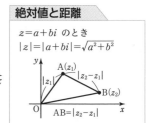

$AB = |z_2 - z_1|$

エクセル 2点 $A(z_1)$，$B(z_2)$ 間の距離 ➡ $AB = |z_2 - z_1|$

213 次の複素数を複素数平面上に図示せよ。　　　　　　　↩ 例題86

(1) $z_1 = 3 - 4i$　　　(2) $z_2 = -5 + 2i$　　(3) $z_3 = -3$　　　(4) $z_4 = 4i$

214 次の複素数を表す点について，実軸，虚軸，原点に関して対称な点を表す複素数を，それぞれ求めよ。

*(1) $4 + 3i$　　　　　　　　　　　(2) $-2 + 3i$

215 $z = 1 + 2i$ のとき，次の複素数を複素数平面上に図示せよ。　↩ 例題87

(1) z　　　　　　*(2) $\bar{z}$　　　　　*(3) $-z$　　　　　*(4) $-\bar{z}$

*(5) iz　　　　　*(6) $2z$　　　　　(7) $\dfrac{z + \bar{z}}{2}$　　　(8) $\dfrac{z - \bar{z}}{2}$

216 $\alpha = 2 + i$, $\beta = -1 + 2i$ について，次の複素数を複素数平面上に図示せよ。

*(1) $\alpha + \beta$　　　　*(2) $\alpha - \beta$　　　(3) $\alpha + 2\beta$　　　(4) $-2\alpha - 2\beta$

217 $\alpha = 3 - 2i$, $\beta = -6 + xi$ とする。3点 O, α, β が一直線上にあるとき，実数 x の値を求めよ。

218 次の複素数の絶対値を求めよ。

*(1) $3 - 4i$　　　　(2) $-\sqrt{2}$　　　*(3) $\sqrt{3}\,i$　　　(4) $\dfrac{-1 + \sqrt{3}\,i}{2}$

219 複素数平面において，次の2点間の距離を求めよ。　　　　↩ 例題88

*(1) 原点 O，点 A$(1 + 2i)$　　　　(2) 2点 A$(-1 + i)$, B$(2 + 5i)$

(3) 2点 A$(-2i)$, B$(3 + i)$　　　　*(4) 2点 A$(3 + 4i)$, B$(2 - 3i)$

220 $z = a + bi$ とするとき，次の式を z, $\bar{z}$ を用いて表せ。

(1) a　　　　　　(2) b　　　　　　(3) $a - b$　　　(4) $a^2 - b^2$

221 $\alpha + 3\bar{\alpha} = 2 - 3i$ のとき，次の値を求めよ。

(1) $\bar{\alpha} + 3\alpha$　　　　　　　　　　　(2) α

例題89 複素数の極形式 類222

次の複素数を極形式で表せ。ただし，偏角 θ は $0 \leqq \theta < 2\pi$ とする。

(1) $1+i$ (2) $-1+\sqrt{3}\,i$

解 絶対値を r，偏角を θ とする。

(1) $r=|1+i|=\sqrt{1^2+1^2}=\sqrt{2}$

$\cos\theta=\dfrac{1}{\sqrt{2}}$, $\sin\theta=\dfrac{1}{\sqrt{2}}$ より $\theta=\dfrac{\pi}{4}$

よって $1+i=\sqrt{2}\left(\cos\dfrac{\pi}{4}+i\sin\dfrac{\pi}{4}\right)$

(2) $r=|-1+\sqrt{3}\,i|=\sqrt{(-1)^2+(\sqrt{3})^2}=\sqrt{4}=2$

$\cos\theta=-\dfrac{1}{2}$, $\sin\theta=\dfrac{\sqrt{3}}{2}$ より $\theta=\dfrac{2}{3}\pi$

よって $-1+\sqrt{3}\,i=2\left(\cos\dfrac{2}{3}\pi+i\sin\dfrac{2}{3}\pi\right)$

エクセル $|z|=r$, $\arg z=\theta \Rightarrow z=r(\cos\theta+i\sin\theta)$

例題90 極形式と複素数の計算 類224

$z_1=2\left(\cos\dfrac{3}{8}\pi+i\sin\dfrac{3}{8}\pi\right)$, $z_2=4\left(\cos\dfrac{\pi}{8}+i\sin\dfrac{\pi}{8}\right)$ のとき，次の値を求めよ。

(1) z_1z_2 (2) $\dfrac{z_1}{z_2}$

解 (1) $z_1z_2=2\times4\left\{\cos\left(\dfrac{3}{8}\pi+\dfrac{\pi}{8}\right)+i\sin\left(\dfrac{3}{8}\pi+\dfrac{\pi}{8}\right)\right\}$

$=8\left(\cos\dfrac{\pi}{2}+i\sin\dfrac{\pi}{2}\right)=8i$

(2) $\dfrac{z_1}{z_2}=\dfrac{2}{4}\left\{\cos\left(\dfrac{3}{8}\pi-\dfrac{\pi}{8}\right)+i\sin\left(\dfrac{3}{8}\pi-\dfrac{\pi}{8}\right)\right\}$

$=\dfrac{1}{2}\left(\cos\dfrac{\pi}{4}+i\sin\dfrac{\pi}{4}\right)$

$=\dfrac{1}{2}\left(\dfrac{1}{\sqrt{2}}+\dfrac{1}{\sqrt{2}}i\right)=\dfrac{\sqrt{2}}{4}+\dfrac{\sqrt{2}}{4}i$

エクセル $\begin{matrix} z_1=r_1(\cos\theta_1+i\sin\theta_1) \\ z_2=r_2(\cos\theta_2+i\sin\theta_2) \end{matrix} \Rightarrow \begin{matrix} z_1z_2=r_1r_2\{\cos(\theta_1+\theta_2)+i\sin(\theta_1+\theta_2)\} \\ \dfrac{z_1}{z_2}=\dfrac{r_1}{r_2}\{\cos(\theta_1-\theta_2)+i\sin(\theta_1-\theta_2)\} \end{matrix}$

222 次の複素数を極形式で表せ。ただし，偏角 θ は $0 \leqq \theta < 2\pi$ とする。　→例題89

(1) $\sqrt{3}+i$　　　*(2) $1-i$　　　(3) $3i$　　　(4) -2

223 $z = r(\cos\theta + i\sin\theta)$ $(r>0)$ のとき，次の複素数を極形式で表せ。

(1) $\overline{z}$　　　　　　　　　　(2) $\dfrac{1}{z}$

224 $z_1 = 6\left(\cos\dfrac{7}{12}\pi + i\sin\dfrac{7}{12}\pi\right)$, $z_2 = 3\left(\cos\dfrac{\pi}{4} + i\sin\dfrac{\pi}{4}\right)$ のとき，次の値を

求めよ。　→例題90

(1) $z_1 z_2$　　　　　　　　　(2) $\dfrac{z_1}{z_2}$

225 $\alpha = \sqrt{3}-i$, $\beta = 1+\sqrt{3}\,i$ のとき，次の複素数の絶対値 r と偏角 θ を求めよ。ただし，偏角 θ は $0 \leqq \theta < 2\pi$ とする。

*(1) α　　　　(2) β　　　*(3) $\alpha\beta$　　　(4) $\dfrac{\alpha}{\beta}$

226 次の複素数が表す点は，点 z をどのように移動した点であるか。

(1) iz　　　　(2) $\left(\dfrac{1+\sqrt{3}\,i}{2}\right)z$　　　(3) $(1-i)z$

227 点 $2+\sqrt{3}\,i$ を原点のまわりに $\dfrac{\pi}{3}$ だけ回転した点を表す複素数を求めよ。

B

228 $z^2 + 2z + 2 = 0$ を満たす複素数 z を極形式で表せ。ただし，偏角 θ は $0 \leqq \theta < 2\pi$ とする。

229 $z_1 = 1+\sqrt{3}\,i$, $z_2 = 1+i$ とするとき，次の問いに答えよ。

(1) $\dfrac{z_1}{z_2}$ を極形式で表せ。ただし，偏角 θ は $0 \leqq \theta < 2\pi$ とする。

(2) $\dfrac{z_1}{z_2}$ を $a+bi$ の形で表せ。

(3) (1)と(2)の実部と虚部を比較して，$\cos\dfrac{\pi}{12}$, $\sin\dfrac{\pi}{12}$ の値を求めよ。

230 複素数平面において，原点 O，A$(3+i)$，B(β) を頂点とする $\triangle$OAB が正三角形であるとき，β を求めよ。

231 $z_1 = r_1(\cos\theta_1 + i\sin\theta_1)$, $z_2 = r_2(\cos\theta_2 + i\sin\theta_2)$ のとき，$z_1 z_2 = r_1 r_2\{\cos(\theta_1 + \theta_2) + i\sin(\theta_1 + \theta_2)\}$ となることを示せ。

34 ド・モアブルの定理

例題 91 ド・モアブルの定理　　類 232,233

$(\sqrt{3}+i)^8$ の値を求めよ。

解　$\sqrt{3}+i=2\left(\cos\dfrac{\pi}{6}+i\sin\dfrac{\pi}{6}\right)$ であるから　　　　　　　　◯ 複素数を極形式で表す

$$(\sqrt{3}+i)^8=\left\{2\left(\cos\dfrac{\pi}{6}+i\sin\dfrac{\pi}{6}\right)\right\}^8$$　　　　◯ ド・モアブルの定理にあてはめる

$$=2^8\left(\cos\dfrac{4}{3}\pi+i\sin\dfrac{4}{3}\pi\right)$$

ド・モアブルの定理

$$(\cos\theta+i\sin\theta)^n$$
$$=\cos n\theta+i\sin n\theta$$

$$=256\left(-\dfrac{1}{2}-\dfrac{\sqrt{3}}{2}i\right)=-128(1+\sqrt{3}\,i)$$

エクセル　$(a+bi)^n$ の計算 ➡ $\{r(\cos\theta+i\sin\theta)\}^n=r^n(\cos n\theta+i\sin n\theta)$ の利用

例題 92 ド・モアブルの定理と方程式　　類 234,235

次の方程式の解を求めよ。また，その解を複素数平面上に図示せよ。
$$z^4=8(-1+\sqrt{3}\,i)$$

解　$z=r(\cos\theta+i\sin\theta)$ とおくと，ド・モアブルの定理より

$$z^4=r^4(\cos 4\theta+i\sin 4\theta) \qquad \cdots①$$　　◯ 左辺を極形式で表す

また　$8(-1+\sqrt{3}\,i)=16\left(\cos\dfrac{2}{3}\pi+i\sin\dfrac{2}{3}\pi\right)$ $\cdots②$　◯ 右辺を極形式で表す

①=②より

$$r^4=16=2^4 \text{ と } r>0 \text{ より } r=2$$　　◯ 両辺の絶対値を比較する

$$4\theta=\dfrac{2}{3}\pi+2k\pi \ (k \text{ は整数}) \text{ より } \theta=\dfrac{\pi}{6}+\dfrac{k}{2}\pi$$　◯ 両辺の偏角を比較する。偏角は $0\leqq\theta<2\pi$ の範囲では $k=0,\ 1,\ 2,\ 3$

よって　$z_k=2\left\{\cos\left(\dfrac{\pi}{6}+\dfrac{k}{2}\pi\right)+i\sin\left(\dfrac{\pi}{6}+\dfrac{k}{2}\pi\right)\right\}$

$k=0,\ 1,\ 2,\ 3$ を代入して　　　　◯ k にどんな整数を代入しても，z_0, z_1, z_2, z_3 のどれかに等しい

$$z_0=2\left(\cos\dfrac{\pi}{6}+i\sin\dfrac{\pi}{6}\right)=\sqrt{3}+i$$

$$z_1=2\left(\cos\dfrac{2}{3}\pi+i\sin\dfrac{2}{3}\pi\right)=-1+\sqrt{3}\,i$$

$$z_2=2\left(\cos\dfrac{7}{6}\pi+i\sin\dfrac{7}{6}\pi\right)=-\sqrt{3}-i$$

$$z_3=2\left(\cos\dfrac{5}{3}\pi+i\sin\dfrac{5}{3}\pi\right)=1-\sqrt{3}\,i$$

ゆえに，$z=\pm(\sqrt{3}+i),\ \pm(1-\sqrt{3}\,i)$
解を図示すると，右の図のようになる。

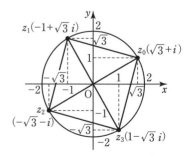

エクセル　$z^n=a+bi$ の解 ➡ 複素数平面上で，円周を n 等分した点で表される

232 次の式の値を求めよ。　　　　　　　　　　　　　　　　　↩ 例題91

(1) $\left(\cos\dfrac{\pi}{8}+i\sin\dfrac{\pi}{8}\right)^6$

*(2) $\left(\cos\dfrac{2}{3}\pi+i\sin\dfrac{2}{3}\pi\right)^7$

(3) $\dfrac{1}{\left(\cos\dfrac{\pi}{6}+i\sin\dfrac{\pi}{6}\right)^5}$

(4) $\dfrac{1}{\left\{\cos\left(-\dfrac{\pi}{9}\right)+i\sin\left(-\dfrac{\pi}{9}\right)\right\}^9}$

233 次の複素数の値を求めよ。　　　　　　　　　　　　　　　↩ 例題91

(1) $(-1+i)^{12}$　　　(2) $\left(\dfrac{\sqrt{3}-i}{2}\right)^5$　　　(3) $\left(\dfrac{3+\sqrt{3}\,i}{\sqrt{3}+3i}\right)^9$

234 次の方程式の解を求めよ。また，その解を複素数平面上に図示せよ。

*(1) $z^4=-1$　　　　　　　　(2) $z^2=-i$　　　　　↩ 例題92

(3) $z^6=1$　　　　　　　　(4) $z^3=i$

235 次の方程式を解け。　　　　　　　　　　　　　　　　　↩ 例題92

(1) $z^2=1+\sqrt{3}\,i$　　　　　　　(2) $z^3=2+2i$

236 極形式を利用して，次の式の値を求めよ。

(1) $\left(\dfrac{-1+\sqrt{3}\,i}{2}\right)^{30}+\left(\dfrac{-1-\sqrt{3}\,i}{2}\right)^{30}$

*(2) $(1+i)^{10}+(1-i)^{10}$

237 $\left(\dfrac{\sqrt{3}+1}{2}+\dfrac{\sqrt{3}-1}{2}i\right)^{12}$ の値を求めよ。

238 $z=\dfrac{2}{1+\sqrt{3}\,i}$ のとき，z^5+z の値を求めよ。

239 $z+\dfrac{1}{z}=1$ のとき，$\left|z^5-\dfrac{1}{z^5}\right|$ の値を求めよ。

240 2つの方程式 $\alpha\beta=-1$，$\alpha^2=i\beta$ を同時に満たす複素数 α，β を求めよ。

35 複素数の図形への応用

例題 93 方程式の表す図形 **244,245**

複素数平面上で，次の方程式を満たす点 z の全体はどのような図形か。

(1) $|z-1|=|z+i|$ (2) $|z+2|=2|z-1|$

解 (1) $P(z)$，$A(1)$，$B(-i)$ とすると

$|z-1|=AP$，$|z+i|=BP$ であるから

$AP=BP$

よって，求める図形は

点 1 と点 $-i$ を結ぶ線分の垂直二等分線

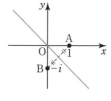

(2) $|z+2|=2|z-1|$ の両辺を 2 乗すると

$|z+2|^2=4|z-1|^2$ ◎ $|z|^2=z\cdot\bar{z}$

$(z+2)(\overline{z+2})=4(z-1)(\overline{z-1})$

整理して $z\bar{z}-2z-2\bar{z}=0$

$(z-2)(\bar{z}-2)=4$

$(z-2)(\overline{z-2})=4$

よって $|z-2|^2=4$ すなわち $|z-2|=2$

ゆえに，求める図形は

点 2 を中心とする半径 2 の円

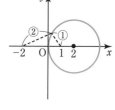

エクセル $|z-\alpha|=|z-\beta|$ の表す図形 ➡ 2 点 α，β を結ぶ線分の垂直二等分線

$|z-\alpha|=r$ の表す図形 ➡ 点 α を中心とする半径 r の円

例題 94 複素数と軌跡(1) **246**

複素数平面上で，点 z が $|z|=1$ を満たすとき，$w=2z+i$ で表される点はどのような図形を描くか。

解 $w=2z+i$ を変形すると $z=\dfrac{w-i}{2}$

$|z|=1$ に代入して $\left|\dfrac{w-i}{2}\right|=1$

よって $|w-i|=2$

ゆえに，**点 i を中心とする半径 2 の円**

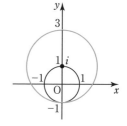

別解 $w=2z+i$ より，点 w は原点からの距離を

点 z の 2 倍に拡大し，i だけ平行移動したもの

であるから，**点 i を中心とする半径 2 の円**

エクセル $|z|=1$ のとき $w=g(z)$ を満たす w の軌跡

➡ $z=(w$ の式$)$ にして，$|z|=1$ に代入する

241 2点 $A(-1+i)$, $B(3+5i)$ について，次の点を表す複素数を求め，複素数平面上に図示せよ。

⑴ 線分 AB の中点 M

⑵ 線分 AB を $3:1$ に内分する点 C

⑶ 線分 AB を $3:1$ に外分する点 D

⑷ 点 A に関して，B と対称な点 B′

242 複素数平面上の3点 $A(2+i)$, $B(-4+3i)$, $C(5+5i)$ について，次の問いに答えよ。

⑴ △ABC の重心はどのような複素数で表されるか。

⑵ 四角形 ABCD が平行四辺形になるとき，点 D はどのような複素数で表されるか。

243 複素数平面上で，点 $z=a+5i$ を $\alpha=-2+bi$ だけ平行移動した点が $w=-1+3i$ であるとき，実数 a, b の値を求めよ。

244 複素数平面上で，次の方程式を満たす点 z の全体はどのような図形か。また，その図形を図示せよ。　　　　　　　　　　　　　　　↪例題93

⑴ $|z-i|=1$　　　　　　　　　⑵ $|2z-i|=2$

⑶ $|z-1|=|z-2i|$　　　　　　　⑷ $|z+1|=|z-2+i|$

B

245 複素数平面上で，次の方程式を満たす点 z の全体はどのような図形か。

*⑴ $|z-4|=2|z-1|$　　　　　　⑵ $|z+2-i|=\sqrt{2}\,|z|$　　　↪例題93

246 複素数平面上で，点 z が $|z|=1$ を満たすとき，次の複素数 w で表される点はどのような図形を描くか。　　　　　　　　　　　　　↪例題94

*⑴ $w=z+2$　　　*⑵ $w=\dfrac{z+1}{2}$　　　⑶ $w=2z+1-i$

247 複素数 z が次の不等式を満たすとき，点 z の存在範囲を複素数平面上に図示せよ。

⑴ $|z-i|\leqq1$　　　　　　　　*⑵ $1<|z|<2$

36 複素数と回転移動

点 α のまわりの回転移動 閱**250**

複素数平面において，点 $\beta=3+3i$ を点 $\alpha=1+i$ のまわりに $\dfrac{2}{3}\pi$ だけ回転した点を表す複素数 γ を求めよ。

解 点 γ は β を α のまわりに $\dfrac{2}{3}\pi$ だけ回転した点であるから

$$\gamma=\left(\cos\frac{2}{3}\pi+i\sin\frac{2}{3}\pi\right)(\beta-\alpha)+\alpha$$

$$=\left(-\frac{1}{2}+\frac{\sqrt{3}}{2}i\right)(2+2i)+1+i$$

$$=-\sqrt{3}+\sqrt{3}\,i$$

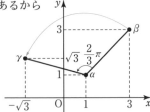

エクセル 点 β を点 α のまわりに $\Rightarrow$ $\gamma=(\cos\theta+i\sin\theta)(\beta-\alpha)+\alpha$
角 θ だけ回転した点 γ

2 線分のなす角 閱**251,253**

複素数平面上の 3 点 A$(-1+2i)$，B$(1+i)$，C$(2+ki)$ について，次の問いに答えよ。

(1) $k=3$ のとき，$\angle$BAC の大きさを求めよ。

(2) $\angle$BAC$=90°$ であるとき，実数 k の値を求めよ。

解 (1) $\alpha=-1+2i$，$\beta=1+i$，$\gamma=2+ki$ とおくと，

$k=3$ のとき

$$\frac{\gamma-\alpha}{\beta-\alpha}=\frac{2+3i-(-1+2i)}{1+i-(-1+2i)}=\frac{3+i}{2-i}=\frac{(3+i)(2+i)}{(2-i)(2+i)}$$

$$=\frac{5+5i}{5}=1+i=\sqrt{2}\left(\cos\frac{\pi}{4}+i\sin\frac{\pi}{4}\right)$$

よって $\angle$BAC$=\dfrac{\pi}{4}$

(2) $\dfrac{\gamma-\alpha}{\beta-\alpha}=\dfrac{3+(k-2)i}{2-i}=\dfrac{\{3+(k-2)i\}(2+i)}{(2-i)(2+i)}=\dfrac{8-k+(2k-1)i}{5}$

$\angle$BAC$=90°$ のとき，これが純虚数になるから ◆ $a+bi$ が純虚数

$$k=8$$ $\Longleftrightarrow a=0,\ b\neq0$

エクセル 異なる 3 点
A(α)，B(β)，C(γ) $\Rightarrow$
に対して

1 $\angle$BAC$=\arg\dfrac{\gamma-\alpha}{\beta-\alpha}$

2 $\begin{cases} \text{A，B，C が一直線上} \Longleftrightarrow \dfrac{\gamma-\alpha}{\beta-\alpha} \text{ が実数} \\[2ex] \text{AB} \perp \text{AC} \Longleftrightarrow \dfrac{\gamma-\alpha}{\beta-\alpha} \text{ が純虚数} \end{cases}$

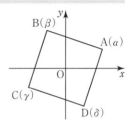

248 中心を原点にもつ正方形 ABCD において，
頂点 A(α) の表す複素数を $\alpha=2+i$ とする。
このとき，他の頂点 B(β)，C(γ)，D(δ) を表す
複素数 β，γ，δ を求めよ。

249 複素数 α，β が次の式を満たすとき，異なる3点 O，A(α)，B(β) を頂点
とする三角形は，どのような三角形か。

(1) $\dfrac{\beta}{\alpha}=\dfrac{1}{2}+\dfrac{\sqrt{3}}{2}i$　　　　　　(2) $\dfrac{\beta}{\alpha}=1+\sqrt{3}\,i$

250 複素数平面上の2点 $\alpha=-3+4i$，$\beta=1+2i$ について，次の複素数を
求めよ。　　　　　　　　　　　　　　　　　　　　　　　　　↩例題95

(1) 点 β を点 α のまわりに $\dfrac{\pi}{2}$ だけ回転した点を表す複素数 γ

(2) 点 α を点 β のまわりに $\dfrac{5}{6}\pi$ だけ回転した点を表す複素数 δ

251 複素数平面上の3点 A($3+6i$)，B($1+3i$)，C($4+i$) について，次の角の
大きさを求めよ。　　　　　　　　　　　　　　　　　　　↩例題96

(1) $\angle ABC$　　　　　　　　　(2) $\angle ACB$

B

252 複素数平面において，3点 A($-1+i$)，B($3+3i$)，C(γ) を頂点とする
△ABC が正三角形であるとき，複素数 γ を求めよ。

253 複素数平面上の3点 A($1-i$)，B($-4+2i$)，C($3+ki$) について次の問い
に答えよ。　　　　　　　　　　　　　　　　　　　　　↩例題96

(1) 2直線 AB，AC が垂直であるように，実数 k の値を定めよ。

(2) 3点が一直線上にあるように，実数 k の値を定めよ。

Step UP 例題 97 共役な複素数を用いた絶対値の計算

複素数 α, β において $|\alpha|=1$ のとき，$|1-\overline{\alpha}\beta|^2-|\alpha-\beta|^2$ の値を求めよ。

解　$|1-\overline{\alpha}\beta|^2-|\alpha-\beta|^2=(1-\overline{\alpha}\beta)\overline{(1-\overline{\alpha}\beta)}-(\alpha-\beta)\overline{(\alpha-\beta)}$

$\qquad = (1-\overline{\alpha}\beta)(1-\overline{\overline{\alpha}}\,\overline{\beta})-(\alpha-\beta)(\overline{\alpha}-\overline{\beta})$　　◀ $\overline{\overline{\alpha}}=\alpha$

$\qquad = (1-\overline{\alpha}\beta)(1-\alpha\overline{\beta})-(\alpha-\beta)(\overline{\alpha}-\overline{\beta})$

$\qquad = 1-\alpha\overline{\beta}-\overline{\alpha}\beta+\alpha\overline{\alpha}\beta\overline{\beta}-(\alpha\overline{\alpha}-\alpha\overline{\beta}-\overline{\alpha}\beta+\beta\overline{\beta})$　　◀ $\alpha\overline{\alpha}=|\alpha|^2$, $\beta\overline{\beta}=|\beta|^2$

$\qquad = 1+|\alpha|^2|\beta|^2-|\alpha|^2-|\beta|^2=1+|\beta|^2-1-|\beta|^2=\mathbf{0}$　　◀ $|\alpha|=1$ より $|\alpha|^2=1$

エクセル　共役な複素数
の計算　　➡　$|z|^2=z\overline{z}$, $\overline{\alpha+\beta}=\overline{\alpha}+\overline{\beta}$, $\overline{\alpha\beta}=\overline{\alpha}\,\overline{\beta}$, $\overline{\left(\dfrac{\alpha}{\beta}\right)}=\dfrac{\overline{\alpha}}{\overline{\beta}}$

$\qquad\qquad\qquad\qquad\qquad |\alpha\pm\beta|^2=(\alpha\pm\beta)(\overline{\alpha\pm\beta})$　（複号同順）

$\qquad\qquad\qquad\qquad\qquad\qquad = (\alpha\pm\beta)(\overline{\alpha}\pm\overline{\beta})=|\alpha|^2+\beta\overline{\alpha}+\overline{\beta}\alpha+|\beta|^2$

254　複素数 α, z について，$|1+2\alpha z|=|z+2\overline{\alpha}|$ のとき，$|z|=\boxed{}$ または $|\alpha|=\boxed{}$ である。

255　次の(1)，(2)が成り立つことを示せ。

(1)　$|z+2|=|z+2i|$ のとき，$z=i\overline{z}$ である。

(2)　複素数 α, β が $|\alpha|<1$，$|\beta|<1$ のとき，$|\alpha-\beta|<|1-\overline{\alpha}\beta|$ である。

Step UP 例題 98 三角形の形状と複素数

複素数平面上の異なる3点 A(α)，B(β)，C(γ) について，

$\dfrac{\gamma-\alpha}{\beta-\alpha}=\dfrac{1+\sqrt{3}\,i}{2}$ が成り立つとき，$\triangle$ABC はどのような三角形か。

解　$\dfrac{\gamma-\alpha}{\beta-\alpha}=\cos\dfrac{\pi}{3}+i\sin\dfrac{\pi}{3}$ より

$\qquad \angle\text{BAC}=\dfrac{\pi}{3}$，$\dfrac{\text{AC}}{\text{AB}}=1$

$\qquad$ よって，$\triangle$ABC は**正三角形**

エクセル　異なる3点 A(α)，B(β)，C(γ) ➡ $\angle\text{BAC}=\arg\dfrac{\gamma-\alpha}{\beta-\alpha}$，$\dfrac{\text{AC}}{\text{AB}}=\left|\dfrac{\gamma-\alpha}{\beta-\alpha}\right|$

256　$\alpha=-i$，$\beta=\sqrt{3}+i$，$\gamma=-\sqrt{3}+4i$ のとき，複素数平面上の3点 A(α)，B(β)，C(γ) について，次の問いに答えよ。

(1)　$\dfrac{\gamma-\alpha}{\beta-\alpha}$ を求めよ。　　(2)　$\triangle$ABC はどのような三角形か。

257 複素数平面上の異なる3点 $A(\alpha)$, $B(\beta)$, $C(\gamma)$ について,

$$\gamma = (1+i)\alpha - i\beta$$

が成り立つとき, $\triangle ABC$ はどのような三角形か.

258 α, β は, $2\alpha^2 - 2\alpha\beta + \beta^2 = 0$ を満たす0でない複素数とするとき, 次の問いに答えよ.

(1) $\dfrac{\beta}{\alpha}$ を求めよ.

(2) 複素数平面において, 原点 O, $A(\alpha)$, $B(\beta)$ の3点を頂点とする $\triangle OAB$ はどのような三角形か.

Step UP 例題 99　**複素数と軌跡(2)**

z が虚数で $z + \dfrac{1}{z}$ が実数となるように変わるとき, 複素数平面上の点 z はどのような図形を描くか.

解 $z + \dfrac{1}{z}$ が実数のとき $\overline{z + \dfrac{1}{z}} = z + \dfrac{1}{z}$　　　◯ $\alpha = \overline{\alpha} \iff \alpha$ が実数

が成り立つから $\overline{z} + \dfrac{1}{\overline{z}} = z + \dfrac{1}{z}$

この両辺に $|z|^2 = z\overline{z}$ を掛けて

$|z|^2\overline{z} + z = |z|^2 z + \overline{z}$

$|z|^2(z - \overline{z}) - (z - \overline{z}) = 0$

$(z - \overline{z})(|z|^2 - 1) = 0$

z は虚数であるから $z - \overline{z} \neq 0$　　　◯ $z = a + bi$ のとき
$\overline{z} = a - bi$ であるから
$z - \overline{z} = 2bi$

よって $|z|^2 = 1$　　　z が虚数なので $b \neq 0$
すなわち $z - \overline{z} \neq 0$

すなわち $|z| = 1$

ゆえに, 点 z が描く図形は

原点を中心とする半径1の円。ただし, 実軸上の点は除く。

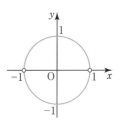

エクセル z の式が表す図形 ➡ 共役な複素数の性質を利用

α が実数 $\iff \overline{\alpha} = \alpha$

α が純虚数 $\iff \overline{\alpha} = -\alpha$ $(\alpha \neq 0)$

---

259 $z + \dfrac{4}{z}$ が実数となるように変わるとき, 複素数平面上の点 z はどのような図形を描くか.

38 放物線

例題100 **放物線の定義と標準形** 類260,261

次の放物線の方程式を求めよ。

(1) 焦点 F$(3, 0)$，準線 $x=-3$ (2) 焦点 F$(0, 2)$，準線 $y=-2$

解 (1) 焦点が $(p, 0)$ で，準線が $x=-p$ である

    放物線の方程式は $y^2=4px$

    これと比較すると

      $p=3$ より $y^2=4\times3\times x$

    すなわち $\boldsymbol{y^2=12x}$

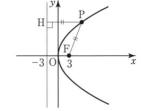

(2) 焦点が $(0, p)$ で，準線が $y=-p$ である

    放物線の方程式は $x^2=4py$

    これと比較すると

      $p=2$ より $x^2=4\times2\times y$

    すなわち $\boldsymbol{x^2=8y}$

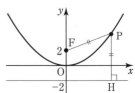

エクセル 焦点 $(p, 0)$，準線 $x=-p$ ➡ $y^2=4px$

       焦点 $(0, p)$，準線 $y=-p$ ➡ $x^2=4py$

例題101 **放物線の概形** 類262,263

放物線 $y^2=8x$ の焦点の座標と準線の方程式を求め，この放物線の概形をかけ。

解 $y^2=8x$ は $y^2=4\times2\times x$

    と変形できるから   ⟲$p=2$

    焦点は $\boldsymbol{(2, 0)}$

    準線の方程式は $\boldsymbol{x=-2}$

    概形は右の図のようになる。

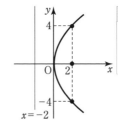

> **放物線の標準形**
>
> $y^2=4px$ $(p\neq0)$
> 頂点 $(0, 0)$ 焦点 $(p, 0)$
> 準線 $x=-p$

例題102 **放物線の決定** 類264

頂点が原点にあり，x 軸を軸とし，点 $(1, 2)$ を通る放物線の方程式を求めよ。

解 求める方程式を $y^2=4px$ とおく。   ◐頂点が原点にあり，x 軸が軸

    点 $(1, 2)$ を通るから $2^2=4\times p\times1$

    よって $p=1$

    ゆえに $\boldsymbol{y^2=4x}$

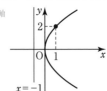

260 次の放物線の方程式を求めよ。　　　　　　　　　　　→例題100

*(1) 焦点 F$(2, 0)$，準線 $x=-2$

(2) 頂点が原点にあり，準線 $x=1$

261 次の放物線の方程式を求めよ。　　　　　　　　　　　→例題100

(1) 焦点 F$(0, -1)$，準線 $y=1$

*(2) 頂点が原点にあり，焦点が $\left(0, \dfrac{1}{2}\right)$

262 次の放物線の焦点の座標と準線の方程式を求め，この放物線の概形をかけ。

(1) $y^2=4x$　　　　　　　　　　　　*(2) $y^2=-8x$　　　→例題101

263 次の放物線の焦点の座標と準線の方程式を求め，この放物線の概形をかけ。

*(1) $x^2=y$　　　　　　　　　　　　(2) $x^2=-3y$　　　→例題101

***264** 次の放物線の方程式を求めよ。　　　　　　　　　　　→例題102

(1) 頂点が原点にあり，x 軸を軸とし，点 $(4, -2)$ を通る。

(2) 頂点が原点にあり，y 軸を軸とし，点 $(-2, -1)$ を通る。

B

265 放物線 $y^2=8x$ の焦点を F とする。点 A$(a, 0)$ $(a>4)$ とし，点 A から最も近い放物線上の点の 1 つを P とする。次の問いに答えよ。

(1) 点 P の x 座標を求めよ。

(2) AF＝PF を示せ。

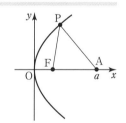

266 放物線 $y^2=4px$ $(p>0)$ の焦点 F を通り x 軸に垂直な直線が，もとの放物線と交わる点を A，B とすると，AB＝4OF であることを示せ。ただし，O は原点とする。

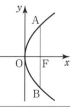

ヒント　**266** 点 A，B の座標は，放物線の方程式 $y^2=4px$ と，焦点 F を通り x 軸に垂直な直線の方程式を連立させて求めることができる。

39 楕円

例題103 楕円の定義と標準形 　　　　　　　　　　題267

2焦点 $(4, 0)$, $(-4, 0)$ からの距離の和が 10 である楕円の方程式を求めよ。

解 求める方程式は $\dfrac{x^2}{a^2}+\dfrac{y^2}{b^2}=1$ $(a>b>0)$ と表せる。

距離の和が 10 より，長軸の長さが 10 であるから

$2a=10$ より $a=5$

また，右の図より $b^2=a^2-4^2=5^2-4^2=9$

よって $\dfrac{x^2}{25}+\dfrac{y^2}{9}=1$

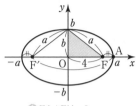

↑ $FA+F'A=2a$
（距離の和）＝（長軸の長さ）

例題104 楕円の概形 　　　　　　　　　　題268,269

楕円 $4x^2+9y^2=36$ の焦点の座標，長軸と短軸の長さを求め，この楕円の概形をかけ。

解 $\dfrac{x^2}{3^2}+\dfrac{y^2}{2^2}=1$ より $\sqrt{3^2-2^2}=\sqrt{5}$

よって，焦点は $(\pm\sqrt{5}, 0)$

長軸の長さは $2\times3=6$

短軸の長さは $2\times2=4$

であり，概形は右の図のようになる。

$(-\sqrt{5}, 0)$ $(\sqrt{5}, 0)$

楕円の標準形

焦点が x 軸上にあるもの
$$\dfrac{x^2}{a^2}+\dfrac{y^2}{b^2}=1 \ (a>b>0)$$
焦点 $(\pm\sqrt{a^2-b^2}, 0)$
頂点 $(\pm a, 0)$, $(0, \pm b)$

例題105 楕円の決定 　　　　　　　　　　題270,271,272

焦点が $(0, \sqrt{3})$, $(0, -\sqrt{3})$ で，点 $(2, \sqrt{3})$ を通る楕円の方程式を求めよ。

解 求める方程式を $\dfrac{x^2}{a^2}+\dfrac{y^2}{b^2}=1$ $(b>a>0)$ とおく。

◉焦点が y 軸上にあるから

焦点の座標が $(0, \sqrt{3})$, $(0, -\sqrt{3})$ であるから

$\sqrt{b^2-a^2}=\sqrt{3}$ すなわち $b^2-a^2=(\sqrt{3})^2$ …①

点 $(2, \sqrt{3})$ を通るから $\dfrac{2^2}{a^2}+\dfrac{(\sqrt{3})^2}{b^2}=1$ …②

①，②より，b^2 を消去すると $a^4-4a^2-12=0$

$(a^2-6)(a^2+2)=0$

$a^2>0$ より $a^2=6$, $b^2=9$ よって $\dfrac{x^2}{6}+\dfrac{y^2}{9}=1$

エクセル 中心が原点の楕円 ⇒ $\dfrac{x^2}{a^2}+\dfrac{y^2}{b^2}=1$ $\begin{cases} 焦点が x 軸上なら a>b>0 （横長）\\ 焦点が y 軸上なら b>a>0 （縦長） \end{cases}$

A

*267 2 焦点 $(2, 0)$，$(-2, 0)$ からの距離の和が
$2\sqrt{5}$ である楕円の方程式を求めよ。　←例題103

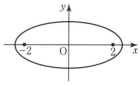

268 次の楕円の焦点の座標，長軸と短軸の長さを求め，この楕円の概形をかけ。

*(1) $\dfrac{x^2}{16}+\dfrac{y^2}{9}=1$ 　　　　(2) $4x^2+5y^2=20$ 　←例題104

*269 次の楕円の焦点の座標，長軸と短軸の長さを求め，この楕円の概形をかけ。

(1) $x^2+\dfrac{y^2}{4}=1$ 　　　　(2) $3x^2+2y^2=12$ 　←例題104

270 次の楕円の方程式を求めよ。　←例題105

*(1) 焦点 $(3, 0)$，$(-3, 0)$，長軸の長さが 10

(2) 中心が原点で短軸が x 軸上にあり，長軸の長さが 10，短軸の長さが 4

(3) 中心が原点で，y 軸上の 2 つの焦点から楕円上までの距離の和が 8，
短軸の長さが 2

271 次の楕円の方程式を求めよ。　←例題105

(1) 中心が原点で，焦点間の距離が $2\sqrt{3}$，y 軸上にある短軸の長さが 4

(2) 短軸の両端が $(0, 4)$，$(0, -4)$ で，点 $(3\sqrt{3}, -2)$ を通る。

B

272 次の楕円の方程式を求めよ。　←例題105

*(1) 焦点が $(\sqrt{3}, 0)$，$(-\sqrt{3}, 0)$ で点 $(\sqrt{3}, 2)$ を通る。

(2) 焦点が $(0, 2)$，$(0, -2)$ で点 $(\sqrt{2}, 2)$ を通る。

273 次の楕円の方程式を求めよ。

*(1) 楕円 $\dfrac{x^2}{9}+\dfrac{y^2}{4}=1$ と焦点を共有し，短軸の長さが 6

(2) 楕円 $\dfrac{x^2}{16}+\dfrac{y^2}{25}=1$ と焦点を共有し，長軸の長さが 8

274 楕円 $\dfrac{x^2}{2}+y^2=1$ 上の任意の点 $\mathrm{P}(x_1, y_1)$ から直線 $x=-2$ へ垂線 PH
を下ろし，定点 $\mathrm{F}(-1, 0)$ をとると，$\mathrm{PF} : \mathrm{PH}$ は一定であることを示せ。

40 双曲線

例題106 **双曲線の定義と標準形** 題**275**

2焦点 $(2, 0)$, $(-2, 0)$ からの距離の差が2である双曲線の方程式を求めよ。

解 求める方程式は

$$\frac{x^2}{a^2} - \frac{y^2}{b^2} = 1 \quad (a>0, \ b>0) \quad \text{と表せる。}$$

距離の差が2であるから $2a=2$ より $a=1$

また, 焦点が $(\pm 2, 0)$ より $b^2=2^2-1^2=3$

よって $x^2 - \dfrac{y^2}{3} = 1$

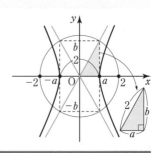

例題107 **双曲線の概形** 題**276,277**

双曲線 $16x^2-25y^2=400$ の焦点の座標, 漸近線の方程式を求め, この双曲線の概形をかけ。

解 $\dfrac{x^2}{25} - \dfrac{y^2}{16} = 1$ より $\sqrt{25+16}=\sqrt{41}$

よって, 焦点は $(\pm\sqrt{41}, \ 0)$

漸近線の方程式は $y = \pm\dfrac{4}{5}x$

で, 概形は右の図のようになる。

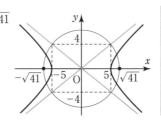

> **双曲線の標準形**
>
> 焦点が x 軸上にあるもの
> $$\frac{x^2}{a^2} - \frac{y^2}{b^2} = 1$$
> $(a>0, b>0)$

例題108 **双曲線の決定** 題**278,279**

焦点が $(0, 2\sqrt{5})$, $(0, -2\sqrt{5})$ で, 漸近線が $y=\pm 2x$ である双曲線の方程式を求めよ。

解 求める方程式を $\dfrac{x^2}{a^2} - \dfrac{y^2}{b^2} = -1$ $(a>0, \ b>0)$ とおく。 ◀ 焦点が y 軸上にあるから

焦点の座標が $(0, \pm 2\sqrt{5})$ より $\sqrt{a^2+b^2}=2\sqrt{5}$ …①

漸近線が $y=\pm 2x$ より $\dfrac{b}{a}=2$ …②

①, ②を解いて $a^2=4$, $b^2=16$

よって $\dfrac{x^2}{4} - \dfrac{y^2}{16} = -1$

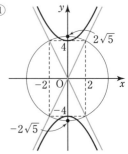

エクセル 中心が原点の双曲線
- 焦点が x 軸上 ➡ $\dfrac{x^2}{a^2} - \dfrac{y^2}{b^2} = 1$
- 焦点が y 軸上 ➡ $\dfrac{x^2}{a^2} - \dfrac{y^2}{b^2} = -1$

*275 2焦点 $(4,\ 0)$, $(-4,\ 0)$ からの距離の差が 6 である双曲線の方程式を求めよ。　　　→例題106

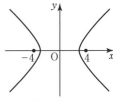

276 次の双曲線の焦点の座標, 漸近線の方程式を求め, この双曲線の概形をかけ。

*(1) $\dfrac{x^2}{16}-\dfrac{y^2}{9}=1$ 　　　　　(2) $4x^2-2y^2=1$ 　　　→例題107

277 次の双曲線の焦点の座標, 漸近線の方程式を求め, この双曲線の概形をかけ。

*(1) $\dfrac{x^2}{9}-\dfrac{y^2}{4}=-1$ 　　　　(2) $4x^2-y^2=-4$ 　　　→例題107

278 次の双曲線の方程式を求めよ。　　　　　　　　　　　→例題108

(1) 焦点が $(5,\ 0)$, $(-5,\ 0)$, 漸近線が $4x\pm3y=0$

*(2) 焦点が $(0,\ 2)$, $(0,\ -2)$, 漸近線が $y=\pm x$

*(3) 焦点が $(3,\ 0)$, $(-3,\ 0)$ であり, 点 $(1,\ 0)$ を通る。

(4) 焦点が $(0,\ 4)$, $(0,\ -4)$ で, 点 $(2,\ 2\sqrt{6})$ を通る。

279 次の双曲線の方程式を求めよ。　　　　　　　　　　　→例題108

*(1) 双曲線 $\dfrac{x^2}{9}-\dfrac{y^2}{4}=1$ と焦点を共有し, 頂点が $(2,\ 0)$, $(-2,\ 0)$

(2) 点 $(2,\ 1)$ を通り, 漸近線が $y=\pm x$

280 双曲線 $\dfrac{x^2}{a^2}-\dfrac{y^2}{b^2}=1$ $(a>0,\ b>0)$ 上の点 P を通る y 軸に平行な直線と, この双曲線の漸近線の交点を A, B とすると, PA・PB は一定であることを示せ。

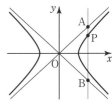

281 双曲線 $\dfrac{x^2}{a^2}-\dfrac{y^2}{b^2}=1$ $(a>0,\ b>0)$ について, 焦点から漸近線までの距離を求めよ。

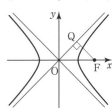

3章

平面上の曲線

例題109 平行移動 國282

楕円 $\dfrac{(x+1)^2}{25}+\dfrac{(y-2)^2}{16}=1$ の中心と焦点，頂点の座標を求め，その概形をかけ。

解 楕円 $\dfrac{x^2}{25}+\dfrac{y^2}{16}=1$ を x 軸方向に -1，

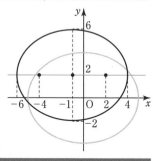

y 軸方向に 2 だけ平行移動させたものであるから，中心の座標は $(-1,\ 2)$

横長の楕円だから，焦点は直線 $y=2$ 上にある。

よって，焦点は $(-1\pm\sqrt{25-16},\ 2)$

すなわち $(-4,\ 2)$，$(2,\ 2)$

頂点は $(-6,\ 2)$，$(4,\ 2)$，$(-1,\ 6)$，$(-1,\ -2)$

例題110 2次方程式が表す図形 國285

2次曲線 $x^2-4y^2+2x+8y-7=0$ の焦点の座標を求め，その概形をかけ。

解 $(x+1)^2-4(y-1)^2=4$

$$\dfrac{(x+1)^2}{4}-(y-1)^2=1$$

と変形できるから，この方程式が表す図形は，

双曲線 $\dfrac{x^2}{4}-y^2=1$ を

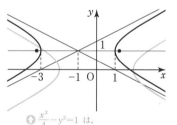

x 軸方向に -1，y 軸方向に 1 だけ平行移動したもので，焦点は $(-1\pm\sqrt{5},\ 1)$

⬆ $\dfrac{x^2}{4}-y^2=1$ は，

焦点 $(\pm\sqrt{5},\ 0)$，漸近線 $y=\pm\dfrac{1}{2}x$

例題111 2次曲線と直線 國284

直線 $y=x+k$ …① と楕円 $x^2+4y^2=16$ …② について，次の問いに答えよ。

(1) 直線①が，楕円②に接するときの k の値を求めよ。

(2) 直線①が，楕円②と異なる2点で交わるときの k の値の範囲を求めよ。

解 ①を②に代入して $x^2+4(x+k)^2=16$ より $5x^2+8kx+4k^2-16=0$ …③

③の判別式を D とすると

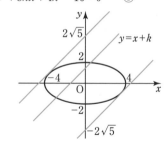

$$\dfrac{D}{4}=16k^2-5(4k^2-16)=-4(k^2-20)$$

(1) ③が重解をもつから

$D=0$ より $k=\pm 2\sqrt{5}$

(2) ③が異なる2つの実数解をもつから

$D>0$ より $-2\sqrt{5}<k<2\sqrt{5}$

A

282 次の2次曲線の焦点の座標を求め，その概形をかけ。　　↪ 例題109

*(1) $(x+1)^2 = y-2$

(2) $\dfrac{(x-2)^2}{2} + (y+1)^2 = 1$

*(3) $\dfrac{(x+1)^2}{9} - \dfrac{(y-2)^2}{4} = -1$

283 直線 $y = 2x-4$ と次のそれぞれの2次曲線との共有点の座標を求めよ。

*(1) $y^2 = 4x$

*(2) $\dfrac{x^2}{3} + \dfrac{y^2}{4} = 1$

(3) $\dfrac{x^2}{16} - \dfrac{y^2}{8} = -1$

***284** 直線 $y = 2x+k$ …① と双曲線 $x^2 - y^2 = 1$ …② について，次の問いに答えよ。

(1) 直線①が，双曲線②に接するときの k の値を求めよ。　　↪ 例題111

(2) 直線①が，双曲線②と異なる2点で交わるときの k の値の範囲を求めよ。

B

285 次の2次曲線の焦点の座標を求め，その概形をかけ。　　↪ 例題110

(1) $x^2 + 4y^2 - 8y = 0$

(2) $x^2 - 2y^2 - 2x + 2y = 0$

*(3) $9x^2 + 4y^2 - 36x + 8y + 4 = 0$

286 次の接線の方程式を求めよ。

(1) 点 $(2, 0)$ を通り，放物線 $y^2 = -8x$ に接する。

*(2) 点 $(0, 3)$ を通り，楕円 $4x^2 + 9y^2 = 36$ に接する。

(3) 傾きが1で，双曲線 $4x^2 - y^2 = -4$ に接する。

287 次の曲線の方程式を求めよ。

(1) 焦点が $(2, -1)$，頂点が $(0, -1)$ の放物線

*(2) 焦点が $(2, -1)$，$(2, 5)$，短軸の長さが2の楕円

(3) 焦点の1つが点 $(3, 2)$，漸近線が $y = x+1$，$y = -x+3$ の双曲線

ヒント **286** (1) $y = m(x-2)$ とおいて，放物線の方程式と連立して重解となる条件から求める。

(2) $y = mx+3$ とおいて，楕円の方程式と連立して重解となる条件から求める。

(3) $y = x+n$ とおいて，双曲線の方程式と連立して重解となる条件から求める。

287 (2)，(3) 条件から中心の座標を求めて，原点を中心とするグラフをどのように平行移動したものかを調べる。

42 媒介変数表示

例題112 **曲線を媒介変数を用いて表す**　　　類**288**

次の方程式で表される曲線を，媒介変数 θ を用いて表せ。

(1) $x^2+y^2=9$ 　　　　(2) $\dfrac{x^2}{4}+\dfrac{y^2}{9}=1$

解 (1) 原点を中心とする半径 3 の円であるから

$$\begin{cases} x=3\cos\theta \\ y=3\sin\theta \end{cases}$$

(2) (1)の円を，y 軸を基準として，

　　x 軸方向に $\dfrac{2}{3}$ 倍した楕円

　　であるから $\begin{cases} x=2\cos\theta \\ y=3\sin\theta \end{cases}$

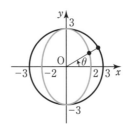

媒介変数表示

円 $x^2+y^2=a^2$
$$\begin{cases} x=a\cos\theta \\ y=a\sin\theta \end{cases}$$

楕円 $\dfrac{x^2}{a^2}+\dfrac{y^2}{b^2}=1$
$$\begin{cases} x=a\cos\theta \\ y=b\sin\theta \end{cases}$$

例題113 **媒介変数で表された曲線**　　　類**289**

$t,\ \theta$ を媒介変数とする。次の媒介変数表示はどのような曲線を表すか。

(1) $\begin{cases} x=t^2-1 \\ y=2t \end{cases}$ 　　(2) $\begin{cases} x=3\cos\theta \\ y=4\sin\theta \end{cases}$ 　　(3) $\begin{cases} x=\dfrac{2}{\cos\theta} \\ y=3\tan\theta \end{cases}$

解 (1) $y=2t$ より $t=\dfrac{y}{2}$　　これを $x=t^2-1$ に代入して

$$x=\left(\dfrac{y}{2}\right)^2-1 \quad \text{すなわち} \quad y^2=4(x+1) \quad \text{よって，放物線 } \boldsymbol{y^2=4(x+1)}$$

(2) $x=3\cos\theta$ より $\cos\theta=\dfrac{x}{3}$,　$y=4\sin\theta$ より $\sin\theta=\dfrac{y}{4}$

$\sin^2\theta+\cos^2\theta=1$ に代入して $\left(\dfrac{x}{3}\right)^2+\left(\dfrac{y}{4}\right)^2=1$

すなわち $\dfrac{x^2}{9}+\dfrac{y^2}{16}=1$　　よって，楕円 $\dfrac{\boldsymbol{x^2}}{\boldsymbol{9}}+\dfrac{\boldsymbol{y^2}}{\boldsymbol{16}}=1$

(3) $x=\dfrac{2}{\cos\theta}$ より $\dfrac{1}{\cos\theta}=\dfrac{x}{2}$,　$y=3\tan\theta$ より $\tan\theta=\dfrac{y}{3}$

$1+\tan^2\theta=\dfrac{1}{\cos^2\theta}$ に代入して $1+\left(\dfrac{y}{3}\right)^2=\left(\dfrac{x}{2}\right)^2$

すなわち $\dfrac{x^2}{4}-\dfrac{y^2}{9}=1$　　よって，双曲線 $\dfrac{\boldsymbol{x^2}}{\boldsymbol{4}}-\dfrac{\boldsymbol{y^2}}{\boldsymbol{9}}=1$

エクセル t を媒介変数とする媒介変数表示 ➡ t を消去して，$x,\ y$ の式にする

エクセル 三角関数の媒介変数 ➡ $\sin^2\theta+\cos^2\theta=1,\ 1+\tan^2\theta=\dfrac{1}{\cos^2\theta}$ を利用

288 次の方程式で表された曲線を，媒介変数 θ を用いて表せ。 ⟶ 例題112

*(1) $x^2+y^2=25$

(2) $(x-2)^2+(y+3)^2=4$

(3) $\dfrac{x^2}{16}+y^2=1$

*(4) $9x^2+16y^2=144$

289 t, θ を媒介変数とする。次の媒介変数表示はどのような曲線を表すか。

⟶ 例題113

*(1) $\begin{cases} x=t+1 \\ y=2t-3 \end{cases}$

*(2) $\begin{cases} x=2t \\ y=1-t^2 \end{cases}$

(3) $\begin{cases} x=\sqrt{t-2} \\ y^2=t+2 \end{cases}$

(4) $\begin{cases} x=2\cos\theta+1 \\ y=2\sin\theta-3 \end{cases}$

(5) $\begin{cases} x=3\cos\theta+3 \\ y=5\sin\theta-1 \end{cases}$

*(6) $\begin{cases} x=\dfrac{5}{\cos\theta} \\ y=4\tan\theta \end{cases}$

290 t を媒介変数とする。次の媒介変数表示はどのような曲線を表すか。

(1) $x=\dfrac{1-t^2}{1+t^2}$, $y=\dfrac{2t}{1+t^2}$

*(2) $x=\dfrac{1-t^2}{1+t^2}$, $y=\dfrac{4t}{1+t^2}$

291 θ を媒介変数とする。次の媒介変数表示はどのような曲線を表すか。

(1) $x=\sin\theta$, $y=\cos^2\theta$

(2) $x=\sin\theta$, $y=\cos 2\theta$

(3) $x=2\sin\theta+\cos\theta$, $y=\sin\theta-2\cos\theta$

292 定直線を x 軸，半径 a の円 C の周上の定点を P とし，点 P のはじめの位置を原点 O とする。この円が角 θ だけ回転したとき，円が x 軸と接する点を Q とし，P から CQ に引いた垂線を PR とする。このとき次の問いに答えよ。

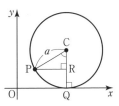

(1) PR，CR，および弧 PQ の長さを a と θ で表せ。

(2) P の座標を P(x, y) とするとき，x, y を a と θ で表せ。

(3) $\theta=0$, $\dfrac{\pi}{3}$, $\dfrac{\pi}{2}$, $\dfrac{2}{3}\pi$, π, 2π に対応する点の座標を求め，$0\leqq\theta\leqq 2\pi$ の範囲でこの曲線の概形をかけ。

43 極座標と極方程式

例題114　極座標　　　類293

極座標で表された次の点を図示せよ。また，直交座標で表せ。

(1) $A\left(4, \dfrac{\pi}{3}\right)$　　　　　(2) $B\left(3, \dfrac{7}{6}\pi\right)$

解 (1) 点 A は右の図。直交座標を $A(x, y)$ とおくと

$$x=4\cos\frac{\pi}{3}=2, \quad y=4\sin\frac{\pi}{3}=2\sqrt{3}$$

よって　$A(2, 2\sqrt{3})$

(2) 点 B は右の図。直交座標を $B(x, y)$ とおくと

$$x=3\cos\frac{7}{6}\pi=-\frac{3\sqrt{3}}{2}, \quad y=3\sin\frac{7}{6}\pi=-\frac{3}{2}$$

よって　$B\left(-\dfrac{3\sqrt{3}}{2}, -\dfrac{3}{2}\right)$

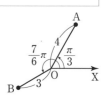

極座標→直交座標

極座標 $P(r, \theta)$
直交座標 $P(x, y)$
$\Longrightarrow \begin{cases} x=r\cos\theta \\ y=r\sin\theta \end{cases}$

例題115　極方程式(1)　　　類295

次の図形の極方程式を求めよ。また，その図形をかけ。

(1) 極 O を通り，始線 OX とのなす角が $\dfrac{\pi}{6}$ の直線

(2) 極 O を中心とする半径5の円

解 (1) $P(r, \theta)$ は r がどのような値をとってもつねに

$\theta=\dfrac{\pi}{6}$ であるから，極方程式は　$\theta=\dfrac{\pi}{6}$

(2) $P(r, \theta)$ は θ がどのような値をとってもつねに

$r=5$ であるから，極方程式は　$r=5$

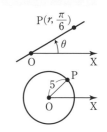

例題116　極方程式(2)　　　類297

極座標が $\left(3, \dfrac{\pi}{4}\right)$ である点 A を通り，OA に垂直な直線 l の極方程式を求めよ。

解 直線 l 上の任意の点を $P(r, \theta)$ とすると

$$OP\cos\angle POA=OA$$

$OP=r$, $OA=3$, $\angle POA=\theta-\dfrac{\pi}{4}$

であるから，極方程式は　$r\cos\left(\theta-\dfrac{\pi}{4}\right)=3$

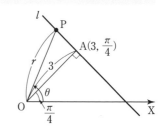

293 極座標で表された次の点を図示せよ。また，直交座標で表せ。 ↩ 例題114

*(1) $\left(1, \dfrac{\pi}{6}\right)$ (2) $(2, \pi)$ (3) $\left(3, -\dfrac{\pi}{4}\right)$ *(4) $\left(\sqrt{3}, \dfrac{4}{3}\pi\right)$

294 直交座標で表された次の点を極座標 (r, θ) で表せ。ただし，$r>0$，$0 \leqq \theta < 2\pi$ とする。

*(1) $(\sqrt{2}, \sqrt{2})$ (2) $(0, -3)$

(3) $(-1, -\sqrt{3})$ *(4) $(\sqrt{3}, -1)$

***295** 次の図形の極方程式を求めよ。また，その図形をかけ。 ↩ 例題115

(1) 極 O を通り，始線 OX とのなす角が $\dfrac{3}{4}\pi$ の直線

(2) 極 O を中心とする半径 4 の円

296 次の図で示された図形の極方程式を求めよ。

(1) 直線 l

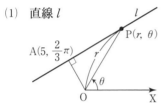

(2) 円 C

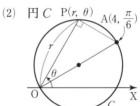

---

297 次の図形の極方程式を求めよ。 ↩ 例題116

*(1) 極座標が $\left(3, \dfrac{\pi}{3}\right)$ である点 A を通り，OA に垂直な直線

(2) 中心が極，半径が 2 である円上の点 $A\left(2, \dfrac{5}{6}\pi\right)$ における円の接線

(3) 中心が $\left(4, \dfrac{\pi}{4}\right)$ で，極を通る円

***298** 次の極方程式で表される図形を図示せよ。

(1) $r\cos\left(\theta - \dfrac{3}{4}\pi\right) = \sqrt{2}$ (2) $r = 10\cos\left(\theta - \dfrac{\pi}{3}\right)$

299 極座標が $(2, 0)$ である点 A を通り，始線とのなす角が $\dfrac{5}{6}\pi$ である直線 l の極方程式を求めよ。

44 直交座標の方程式と極方程式

例題117 **極方程式に変換**　　　　　　　　　　類**300,306**

直交座標による方程式 $\sqrt{3}\,x+y=2$ で表される図形を極方程式で表せ。

解　$x=r\cos\theta,\ y=r\sin\theta$ を与式に代入すると

$$\sqrt{3}\,r\cos\theta+r\sin\theta=2$$

$$r(\sqrt{3}\cos\theta+\sin\theta)=2$$

$$r\times2\left(\cos\theta\cos\frac{\pi}{6}+\sin\theta\sin\frac{\pi}{6}\right)=2$$

$$r\times2\cos\left(\theta-\frac{\pi}{6}\right)=2$$

よって　$r\cos\left(\theta-\dfrac{\pi}{6}\right)=1$

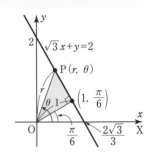

エクセル　直線の極方程式 ➡ 標準形は $r\cos(\theta-\alpha)=p$

例題118 **直交座標の方程式に変換(1)**　　　　　類**301,305**

極方程式 $r=\cos\theta+\sqrt{3}\sin\theta$ で表される図形を直交座標の方程式で表せ。

解　$r=\cos\theta+\sqrt{3}\sin\theta$ の両辺に r を掛けて

$$r^2=r\cos\theta+\sqrt{3}\,r\sin\theta$$

ここで

$$r^2=x^2+y^2,$$

$$r\cos\theta=x,\ r\sin\theta=y$$

を代入すると　$x^2+y^2=x+\sqrt{3}\,y$

よって　$\left(x-\dfrac{1}{2}\right)^2+\left(y-\dfrac{\sqrt{3}}{2}\right)^2=1$

極座標→直交座標
極座標 $P(r,\ \theta)$ 直交座標 $P(x,\ y)$ $\iff\begin{cases}r=\sqrt{x^2+y^2}\\[4pt]\sin\theta=\dfrac{y}{r}\\[4pt]\cos\theta=\dfrac{x}{r}\end{cases}$

エクセル　極方程式を直交座標で表す ➡ $r\cos\theta,\ r\sin\theta,\ r^2$ に着目

例題119 **直交座標の方程式に変換(2)**　　　　　類**308**

極方程式 $r=\dfrac{2}{1-\cos\theta}$ で表された曲線を，直交座標の方程式で表せ。

解　$r=\dfrac{2}{1-\cos\theta}$ より　$r(1-\cos\theta)=2$　◖分母をはらう

$r=2+r\cos\theta$ として

$r=\sqrt{x^2+y^2},\ r\cos\theta=x$ を代入すると

$$\sqrt{x^2+y^2}=2+x$$　◖直交座標に置きかえる

両辺を2乗して

$$x^2+y^2=4+4x+x^2$$

よって　$y^2=4(x+1)$（放物線）

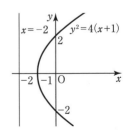

300 直交座標による次の方程式で表される図形を極方程式で表せ。 ↪例題117

    *(1) $x=3$ (2) $y=2$ *(3) $y=x$

301 次の極方程式で表される図形を直交座標の方程式で表せ。また，その図形をかけ。 ↪例題118

    (1) $r=\sqrt{2}$ (2) $r\sin\theta=1$

    (3) $r\cos\theta=5$ *(4) $r(\cos\theta+2\sin\theta)=5$

302 極座標に関して，次の円の直交座標の方程式を求めよ。

    (1) 中心 $(4,\ 0)$，半径 4   *(2) 中心 $\left(2,\ \dfrac{\pi}{3}\right)$，半径 2

303 次の極方程式の表す円の中心の極座標と半径を求めよ。

    *(1) $r^2-2r\sin\theta-3=0$ (2) $r^2-4r(\cos\theta+\sqrt{3}\sin\theta)+7=0$

304 次の極方程式で表される図形を直交座標の方程式で表せ。

    (1) $r^2(3\cos^2\theta+1)=4$ (2) $r^2(2\sin^2\theta-1)=1$

305 次の極方程式で表される図形を直交座標の方程式で表せ。また，その図形をかけ。 ↪例題118

    *(1) $r=\sin\theta$ (2) $r=4\cos\theta$ (3) $r=\cos\theta-\sqrt{3}\sin\theta$

    *(4) $r\cos\left(\theta+\dfrac{\pi}{6}\right)=2$ (5) $r\sin\left(\theta-\dfrac{4}{3}\pi\right)=4$ (6) $r\cos^2\dfrac{\theta}{2}=1$

306 直交座標による次の方程式で表される図形を極方程式で表せ。 ↪例題117

    *(1) $x+y=1$ (2) $x^2+y^2=4$ *(3) $(x-1)^2+(y-1)^2=1$

    (4) $2xy=5$ (5) $y=x^2$

307 直交座標による次の方程式で表される図形を極方程式で表せ。

    (1) $y^2=4x$ (2) $\dfrac{x^2}{4}+\dfrac{y^2}{2}=1$ *(3) $x^2-y^2=1$

308 次の極方程式で表された曲線を，直交座標の方程式で表せ。 ↪例題119

    *(1) $r=\dfrac{2}{1+\cos\theta}$ (2) $r=\dfrac{2}{\sqrt{2}+\cos\theta}$ (3) $r=\dfrac{3}{1+2\cos\theta}$

Step UP 例題120 ２次曲線と証明

楕円 $\dfrac{x^2}{a^2}+\dfrac{y^2}{b^2}=1$ $(a>b>0)$ 上の長軸の両端

A，B 以外の任意の点 P から長軸 AB に垂線 PH を

引いたとき，$\dfrac{\mathrm{PH}^2}{\mathrm{AH}\cdot\mathrm{BH}}$ は一定であることを示せ。

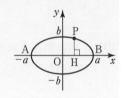

解 $\mathrm{P}(x,\ y)$ とおくと

$\mathrm{PH}=|y|,\ \ \mathrm{AH}=a+x,\ \ \mathrm{BH}=a-x$ より

$$\frac{\mathrm{PH}^2}{\mathrm{AH}\cdot\mathrm{BH}}=\frac{y^2}{(a+x)(a-x)}=\frac{y^2}{a^2-x^2}$$

$\dfrac{x^2}{a^2}+\dfrac{y^2}{b^2}=1$ より $y^2=\dfrac{b^2}{a^2}(a^2-x^2)$

よって $\dfrac{\mathrm{PH}^2}{\mathrm{AH}\cdot\mathrm{BH}}=\dfrac{\dfrac{b^2}{a^2}(a^2-x^2)}{a^2-x^2}=\dfrac{b^2}{a^2}$

◐ $\dfrac{b^2}{a^2}$ は x の値によらない値なので
一定であるといえる

ゆえに，$\dfrac{\mathrm{PH}^2}{\mathrm{AH}\cdot\mathrm{BH}}$ の値は一定である。 **終**

---

309 双曲線 $\dfrac{x^2}{16}-\dfrac{y^2}{9}=1$ 上の任意の点 P から，

2 つの漸近線に垂線 PQ，PR を引くと，PQ・PR
は一定であることを示せ。

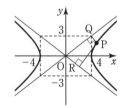

310 放物線 $y^2=4x$ 上の原点以外の任意の点を P とし，点 P から放物線の準
線に引いた垂線を PH とする。また，放物線の焦点を F，線分 FH の中点を
M とする。このとき，PM⊥FM であることを示せ。

311 楕円 $\dfrac{x^2}{a^2}+\dfrac{y^2}{b^2}=1$ $(a>b>0)$ の焦点を通って短軸に平行な弦を AB とす
る。短軸の長さの 2 乗は長軸の長さと弦 AB の長さとの積であることを示
せ。

312 双曲線 $x^2-y^2=1$ 上の任意の点 P から，2 つの焦点 F，F′ に直線を引い
たとき，PF・PF′＝OP² となることを示せ。

Step UP 例題121　軌跡と2次曲線(1)

定点 $(0, 2)$ を通り，x 軸に接する円の中心の軌跡を求めよ。

解　円の中心を $P(x, y)$ とする。定点 $(0, 2)$ を A，

x 軸と円の接点を H とすると　AP＝PH

よって　$\sqrt{x^2+(y-2)^2}=|y|$

両辺を2乗して整理すると　$x^2=4(y-1)$

よって，軌跡は　**放物線 $x^2=4(y-1)$**

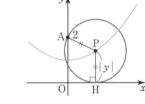

◆ 点 A を焦点，x 軸を準線とする放物線

エクセル　動点 P の軌跡 ➡ $P(x, y)$ とおき，条件から x, y の関係式を求める

- -

313　点 $(2, 0)$ と直線 $x=-1$ からの距離の比が次のようになるときの点 P の軌跡を求めよ。

(1)　$\sqrt{2} : 1$ (2)　$1 : \sqrt{2}$

314　円 $(x-2)^2+y^2=1$ に外接し，y 軸に接する円の中心の軌跡を求めよ。

315　長さ3の線分 AB の一端 A が x 軸上を，他端 B が y 軸上を動くとき，AB を $1:2$ に内分する点 P の軌跡を求めよ。

Step UP 例題122　軌跡と2次曲線(2)

2点 $(5, 1)$，$(-3, 1)$ からの距離の和が10である点の軌跡を求めよ。

解　2点からの距離の和が一定であることから，求める軌跡は楕円である。

中心は $(1, 1)$ で，焦点が $y=1$ 上にあるから

$$\frac{(x-1)^2}{a^2}+\frac{(y-1)^2}{b^2}=1 \ (a>b>0) \ \text{と表せる。}$$

距離の和が10であるから　$2a=10$　より　$a=5$

また，焦点が $(5, 1)$，$(-3, 1)$ であるから

$b^2+4^2=a^2$　より　$b^2=9$

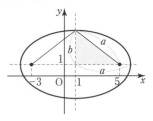

よって，求める軌跡は　**楕円 $\dfrac{(x-1)^2}{25}+\dfrac{(y-1)^2}{9}=1$**

エクセル　点と直線から等距離にある点の軌跡 ➡ 放物線

　　　　　2点からの距離の和(差)が一定である点の軌跡 ➡ 楕円(双曲線)

- -

316　2点 $(0, -2)$，$(10, -2)$ からの距離の差が6である点の軌跡を求めよ。

317　点 $(5, 0)$ と直線 $y=-4$ からの距離が等しい点の軌跡を求めよ。

Step UP 例題123　　2次曲線が切り取る線分の中点

楕円 $\dfrac{x^2}{9}+\dfrac{y^2}{4}=1$ と直線 $y=2x+k$ が2点P，Qで交わるとき，次の問いに答えよ。

(1) k の値の範囲を求めよ。　　　(2) 線分PQの中点Mの軌跡を求めよ。

解 (1)　$y=2x+k$ …① を $\dfrac{x^2}{9}+\dfrac{y^2}{4}=1$ …② に代入して整理すると

$\qquad 40x^2+36kx+9k^2-36=0$ …③

2点で交わるので，③の判別式を D とすると

$\qquad \dfrac{D}{4}=(18k)^2-40(9k^2-36)>0$

これを整理すると　$k^2<40$

よって　$-2\sqrt{10}<k<2\sqrt{10}$

(2)　点P，Qの x 座標をそれぞれ x_1，x_2 とすると，

x_1，x_2 は③の異なる2つの実数解である。

Mは線分PQの中点であるから，

$\mathrm{M}(x,\ y)$ とすると　$x=\dfrac{x_1+x_2}{2}$

③の解と係数の関係から

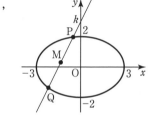

$\qquad x_1+x_2=-\dfrac{9}{10}k$ より　$x=-\dfrac{9}{20}k$

これを①に代入して　$y=\dfrac{1}{10}k$　　よって　$\mathrm{M}\left(-\dfrac{9}{20}k,\ \dfrac{1}{10}k\right)$

$x=-\dfrac{9}{20}k$，$y=\dfrac{1}{10}k$ より，k を消去して　$y=-\dfrac{2}{9}x$

また，(1)より，x の範囲は　$-\dfrac{9}{10}\sqrt{10}<x<\dfrac{9}{10}\sqrt{10}$

よって，Mの軌跡は　**線分 $y=-\dfrac{2}{9}x$** $\left(-\dfrac{9}{10}\sqrt{10}<x<\dfrac{9}{10}\sqrt{10}\right)$

318　楕円 $x^2+4y^2=4$ と直線 $y=2x+2$ が2点P，Qで交わるとき，線分PQの中点の座標を求めよ。

319　放物線 $y^2=4x$ と直線 $y=mx+m$ との共有点の個数を求めよ。

320　点 A(2, 0) を通る直線 l と楕円 $x^2+\dfrac{y^2}{4}=1$ が異なる2点P，Qで交わっている。直線 l が動くとき，線分PQの中点Mの軌跡を求めよ。

点 $(-1, 0)$ を通る直線の傾きを t とする。双曲線 $x^2-y^2=1$ を媒介変数 t を用いて表せ。ただし，点 $(-1, 0)$ を除く。

解　$y=t(x+1)$ と双曲線 $x^2-y^2=1$ の交点のうち，$(-1, 0)$ と異なる点を $P(x, y)$ とおく。

$$\begin{cases} y=t(x+1) & \cdots① \\ x^2-y^2=1 & \cdots② \end{cases}$$

①を②に代入すると

$$x^2-t^2(x+1)^2=1$$
$$x^2-1-t^2(x+1)^2=0$$
$$(x+1)(x-1)-t^2(x+1)^2=0$$
$$(x+1)\{(1-t^2)x-(1+t^2)\}=0$$

$x \neq -1$ より　$x=\dfrac{1+t^2}{1-t^2}$　　①に代入して　$y=\dfrac{2t}{1-t^2}$

よって，双曲線は媒介変数 t を用いて

$$x=\dfrac{1+t^2}{1-t^2},\ y=\dfrac{2t}{1-t^2}\ \ \text{と表せる。}$$

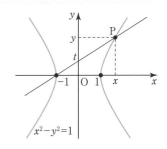

💡 双曲線の漸近線が $y=\pm x$ だから，$t=\pm 1$ のとき，点 P は存在しない。よって　$t \neq \pm 1$

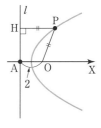

321　点 $(-1, 0)$ を通る直線の傾きを t とする。楕円 $x^2+\dfrac{y^2}{4}=1$ を媒介変数 t を用いて表せ。ただし，点 $(-1, 0)$ を除く。

極 O を焦点とし，極座標が $(2, \pi)$ である点 A を通り始線に垂直な直線 l を準線とする放物線の極方程式を求めよ。

解　放物線上の点 P の極座標を (r, θ) とし，点 P から準線に引いた垂線を PH とすると

$$OP=PH$$
$$OP=r,\ PH=2+r\cos\theta\ \ \text{より}$$
$$r=2+r\cos\theta$$

よって　$r=\dfrac{2}{1-\cos\theta}$

💡 放物線の定義より求める放物線上の点 P から極 O までの距離と l までの距離は等しい

322　極を O とする。極座標が $(1, \pi)$ である点 A を通り，OA に垂直な直線を l とする。点 P から直線 l までの距離を PH とするとき，次の式を満たす点 P の極方程式を求めよ。

(1)　$OP=2PH$　　　　　　　　　(2)　$2OP=PH$

3 章

平面上の曲線

復習問題

ベクトル

15 次の計算をせよ。

(1) $(2\vec{a}+3\vec{b})+(4\vec{a}-5\vec{b})$

(2) $\dfrac{1}{2}\vec{a}-\dfrac{1}{3}(\vec{a}-2\vec{b})$

16 2つのベクトル $\vec{a}$, $\vec{b}$ が1次独立であるとき，$(3x+5)\vec{a}-(6x+5y)\vec{b}=\vec{0}$ が成り立つように x, y の値を定めよ。

17 $\vec{a}=(1,\ 2)$, $\vec{b}=(-2,\ 3)$ とするとき，次の等式を満たすベクトル $\vec{x}$ を成分で表し，その大きさを求めよ。

(1) $\vec{x}=2\vec{a}+\vec{b}$

(2) $2(\vec{x}+\vec{b})=\vec{a}-\vec{b}+\vec{x}$

18 2つのベクトル $\vec{a}=(1,\ 3)$, $\vec{b}=(2,\ y)$ のなす角が $45°$ となるように，実数 y の値を定めよ。

19 2つのベクトル $\vec{a}$, $\vec{b}$ が $|\vec{a}|=2$, $|\vec{b}|=\sqrt{3}$, $|\vec{a}-\vec{b}|=1$ を満たすとき，次の問いに答えよ。

(1) $\vec{a}$ と $\vec{b}$ のなす角 θ を求めよ。

(2) $|2\vec{a}-3\vec{b}|$ の値を求めよ。

20 3点 A$(2,\ -2)$, B$(1,\ 1)$, C$(6,\ 3)$ で囲まれた $\triangle$ABC の面積 S をベクトルを用いて求めよ。

21 $\triangle$OAB において，辺 AB を $1:2$ に内分する点を P，辺 OB の中点を Q とする。$\overrightarrow{\mathrm{OA}}=\vec{a}$, $\overrightarrow{\mathrm{OB}}=\vec{b}$ として，$\overrightarrow{\mathrm{PQ}}$ を $\vec{a}$, $\vec{b}$ で表せ。

22 六角形 ABCDEF の各辺の中点を順に P, Q, R, S, T, U とするとき，$\triangle$PRT の重心と，$\triangle$QSU の重心は一致することを証明せよ。

23 $\triangle$ABC の内部の点 P について，等式 $2\overrightarrow{\mathrm{PA}}+\overrightarrow{\mathrm{PB}}+3\overrightarrow{\mathrm{PC}}=\vec{0}$ が成り立つとき，点 P はどのような位置にあるか。また，面積比 $\triangle$PBC : $\triangle$PCA : $\triangle$PAB を求めよ。

24 $\triangle$OAB において，辺 AB の中点を M，辺 OB を $2:1$ に内分する点を N とする。$\overrightarrow{\mathrm{OA}}=\vec{a}$, $\overrightarrow{\mathrm{OB}}=\vec{b}$ として，次の条件を満たす直線のベクトル方程式を求めよ。

(1) 点 N を通り，OA に平行な直線

(2) 直線 MN

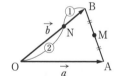

25 同一直線上にない 3 点 O, A, B に対して, $\overrightarrow{OP}=s\overrightarrow{OA}+t\overrightarrow{OB}$ とする。s, t が次の条件を満たすとき, 点 P はどのような図形上にあるか。

(1) $2s+3t=6$, $s\geqq 0$, $t\geqq 0$ (2) $|s|+|t|=1$

26 A(1, 2, 3), B(2, 3, 1), C(3, 1, 2) とするとき, △ABC を 1 つの面とする正四面体の残りの頂点 D の座標を求めよ。

27 4 点 A$(-1, 5, 0)$, B$(4, 3, -1)$, C$(0, 3, 2)$, D$(7, y, z)$ について, 次の問いに答えよ。

(1) $\overrightarrow{AB}$, $\overrightarrow{AC}$ の大きさを求めよ。   (2) 内積 $\overrightarrow{AB}\cdot\overrightarrow{AC}$ を求めよ。

(3) $\overrightarrow{AD}/\!/\overrightarrow{BC}$ となるように, 実数 y, z の値を定めよ。

(4) $\overrightarrow{AD}\perp\overrightarrow{AB}$, $\overrightarrow{AD}\perp\overrightarrow{AC}$ となるように, 実数 y, z の値を定めよ。

28 直方体 ABCD-EFGH において, △BDE の重心を M とする。$\overrightarrow{AB}=\vec{b}$, $\overrightarrow{AD}=\vec{d}$, $\overrightarrow{AE}=\vec{e}$ として, 次の問いに答えよ。

(1) $\overrightarrow{AM}$ を $\vec{b}$, $\vec{d}$, $\vec{e}$ で表せ。

(2) 対角線 AG は点 M を通ることを示し, AM:MG を求めよ。

29 球面 $x^2+y^2+z^2-6x+2y+8z+1=0$ について, 次の問いに答えよ。

(1) この球面の中心の座標と半径を求めよ。

(2) この球面と xy 平面の交わりは, どのような図形を表すか。

30 $\overrightarrow{OA}=(-2, 1)$, $\overrightarrow{OB}=(1, 2)$ とするとき, 次の式を満たす点 P(x, y) の存在する範囲を座標平面上に図示せよ。

(1) $-1\leqq\overrightarrow{OP}\cdot\overrightarrow{AB}\leqq 2$ (2) $|\overrightarrow{OP}-\overrightarrow{OA}-\overrightarrow{OB}|\leqq 2$

複素数平面

31 $z=3+\sqrt{3}\,i$ とする。原点 O, $\bar{z}$ の表す点 A, $(\sqrt{3}+i)z$ の表す点 B について, 次の問いに答えよ。

(1) 2 点 A, B を複素数平面上に図示せよ。

(2) △OAB はどのような三角形か。

32 2 つの複素数 $z_1=2-\sqrt{3}\,a+ai$ と $z_2=\sqrt{3}\,b-1+(\sqrt{3}-b)i$ の絶対値が等しく, $\dfrac{z_2}{z_1}$ の偏角が $\dfrac{\pi}{2}$ となるように, 実数 a, b の値を定めよ。

33 複素数平面上で, 点 z が $|z|\leqq 1$ を満たすとき, $w=z+2i$ で表される点 W はどのような図形を描くか。複素数平面上に図示せよ。

34 3 つの複素数 z_1, z_2, z_3 について, $z_1+i\,z_2=(1+i)z_3$ が成り立つとき, それぞれの複素数が表す 3 点 z_1, z_2, z_3 を頂点とする三角形はどのような三角形か。

35 n を整数とする。$(1+i)^n=(1-i)^n$ が成り立つのは，n が 4 の倍数のときであることを示せ。

36 直線 $y=\sqrt{3}\,x$ に関して，点 A(3, 1) と対称な点 B の座標を，複素数を用いて求めよ。

平面上の曲線

37 次の曲線の方程式を求めよ。
(1) 頂点が原点にあり，x 軸を軸とし，点 $(-6, -3)$ を通る放物線
(2) 頂点が原点にあり，準線が y 軸と垂直で，点 $(-4, -2)$ を通る放物線
(3) 焦点が $(4, 0)$，$(-4, 0)$，長軸の長さが 10 の楕円
(4) 中心が原点で，焦点間の距離が $2\sqrt{3}$，x 軸上にある短軸の長さが $2\sqrt{3}$ の楕円
(5) 焦点が $(\sqrt{3}, 0)$，$(-\sqrt{3}, 0)$ で，漸近線が $y=\pm\sqrt{2}\,x$ の双曲線
(6) 焦点が $(0, 5)$，$(0, -5)$ で，$(4, 3\sqrt{2})$ を通る双曲線

38 直線 $y=2x+k$ と曲線 $4x^2+9y^2=36$ が 2 点 P，Q で交わるとき，PQ=4 となるように，k の値を定めよ。

39 θ を媒介変数とする。次の媒介変数表示はどのような曲線を表すか。
(1) $\begin{cases} x=\sin\theta\cos\theta \\ y=\sin\theta+\cos\theta \end{cases}$
(2) $\begin{cases} x=\cos\theta+\sin\theta+1 \\ y=2\sin\theta-2\cos\theta-3 \end{cases}$

40 極座標で表された 2 点 $\mathrm{P}\left(2, \dfrac{\pi}{6}\right)$，$\mathrm{Q}\left(4, \dfrac{5}{6}\pi\right)$ について，次のものを求めよ。ただし，O は極とする。
(1) PQ の長さ
(2) △OPQ の面積
(3) 直線 PQ の極方程式

41 直交座標による次の方程式で表される図形を極方程式で表せ。
(1) $2x-y+3=0$
(2) $(x-1)^2+(y-\sqrt{3})^2=4$
(3) $\dfrac{x^2}{3}-\dfrac{y^2}{4}=1$

42 次の方程式で表される図形を直交座標の方程式で表せ。
(1) $r\cos\left(\theta-\dfrac{3}{4}\pi\right)=\sqrt{2}$
(2) $r=10\cos\left(\theta-\dfrac{\pi}{3}\right)$

43 直線 $x+\sqrt{3}\,y=4$ を，原点を極，x 軸の正の部分を始線とする極方程式で表し，極からこの直線に引いた垂線の長さ h と，その垂線が始線とつくる角 α を求めよ。ただし，$0\leqq\theta<2\pi$ とする。

数学B

1章 数列

1 (1) $a_n=6n-4$, $a_{10}=56$
(2) $a_n=-3n+2$, $a_{10}=-28$
(3) $a_n=4n-3$, $a_{10}=37$
(4) $a_n=-5n+19$, $a_{10}=-31$

2 (1) $a_n=-4n+10$ (2) $a_n=3n+2$
(3) $a_n=3n-2$ (4) $a_n=-7n+107$

3 (1) $a_n=8n-13$, $S_n=n(4n-9)$
(2) $a_n=-5n+15$, $S_n=-\dfrac{5}{2}n(n-5)$
(3) $a_n=7n-5$, $S_n=\dfrac{1}{2}n(7n-3)$
(4) $a_n=-\dfrac{1}{2}n+\dfrac{5}{2}$, $S_n=-\dfrac{1}{4}n(n-9)$

4 (1) $S=230$ (2) $S=187$
(3) $S=198$ (4) $S=222$

5 (1) 第24項 (2) 第18項
(3) 第17項, 和は595

6 $a=3$, $d=7$

7 (1) 1, 10, 19 (2) -2, 4, 10

8 $k=18$, 公差 $\dfrac{10}{19}$

9 (1) 証明略, 初項5, 公差2 (2) 略

10 (1) $a_n=5\cdot3^{n-1}$, $a_6=1215$
(2) $a_n=3\cdot(-2)^{n-1}$, $a_6=-96$
(3) $a_n=10\cdot2^{n-1}$, $a_n=320$
(4) $a_n=-81\cdot\left(-\dfrac{1}{3}\right)^{n-1}$, $a_6=\dfrac{1}{3}$

11 (1) $a_n=8\cdot2^{n-1}$ (2) $a_n=5\cdot2^{n-1}$
(3) $a_n=\dfrac{3}{2}\cdot2^{n-1}$
(4) $a_n=-2\cdot3^{n-1}$ または $a_n=2\cdot(-3)^{n-1}$

12 (1) $S_n=\dfrac{1}{3}(4^n-1)$
(2) $S_n=16\left\{1-\left(\dfrac{1}{2}\right)^n\right\}$
(3) $S_n=6\left\{1-\left(\dfrac{2}{3}\right)^n\right\}$
(4) $S_n=\dfrac{2}{9}\left\{1-\left(\dfrac{1}{10}\right)^n\right\}$

13 (1) $n=7$, $S=129$
(2) $r=2$, $n=7$
(3) $r=2$ のとき $a=\dfrac{1}{2}$
$r=-3$ のとき $a=\dfrac{2}{9}$

14 $(a,\ b)=(5,\ 15)$, $\left(\dfrac{5}{4},\ \dfrac{15}{2}\right)$

15 192

16 12960

17 (1) 2, 6, 18 (2) 4, 10, 25

18 $n=3$, $N=6$

19 (1) 1050 (2) 679
(3) 4315 (4) 2893

20 (1) $c_n=15n-7$ (2) 3010

21 57960 円

22 $n=7$

23 (1) $1+3+5+7+9+11$
(2) $1+2+2^2+2^3+2^4$
(3) $-1+2-3+4-5+6-7$
(4) $3^2+4^2+5^2+6^2+7^2+8^2$

24 (1) $\displaystyle\sum_{k=1}^{10}(k+1)^2$ (2) $\displaystyle\sum_{k=1}^{50}2k(2k+1)$

25 (1) $\displaystyle\sum_{k=1}^{n}(-3)^{k-1}$ (2) $\displaystyle\sum_{k=1}^{n}k\cdot2^k$

26 (1) 78 (2) $n(n+4)$
(3) $n^2(n+1)$
(4) $\dfrac{1}{2}n(n+1)(n^2+n-1)$
(5) $\dfrac{3}{2}n(n-1)$ (6) 2495

27 (1) 4^n-1 (2) $\dfrac{5^n-1}{4}$
(3) $\dfrac{3(3^n-1)}{2}$ (4) $2^{n-1}-1$

28 (1) $\dfrac{1}{6}n(n+1)(4n+5)$
(2) $\dfrac{1}{6}n(n+1)(n+2)(3n+5)$

29 (1) $n(2n+1)$ (2) $(n+1)^2$
(3) $\dfrac{1}{6}n(n+1)(n+5)$

30 (1) $a_n = \dfrac{1}{2}n(n+1)$

$S_n = \dfrac{1}{6}n(n+1)(n+2)$

(2) $a_n = \dfrac{3^n - 1}{2}$

$S_n = \dfrac{1}{4}(3^{n+1} - 2n - 3)$

(3) $a_n = \dfrac{1}{3}n(4n^2 - 1)$

$S_n = \dfrac{1}{6}n(n+1)(2n^2 + 2n - 1)$

31 (1) $a_n = n^2 - n + 1$ (2) $a_n = n^2 + 2$

32 (1) $a_n = \dfrac{3^{n-1} + 1}{2}$

(2) $a_n = 3 \cdot 2^{n-1} - 5$

33 $a_n = \dfrac{1}{6}(2n^3 - 3n^2 + n + 6)$

34 (1) $a_n = 2n - 4$

(2) $\begin{cases} a_1 = 2 \\ a_n = 4n - 3 \ (n \geqq 2) \end{cases}$

(3) $a_n = 4 \cdot 3^{n-1}$

(4) $\begin{cases} a_1 = 4 \\ a_n = 2^{n-1} + 2 \ (n \geqq 2) \end{cases}$

35 (1) $\begin{cases} a_1 = 2 \\ a_n = 2n - 3 \ (n \geqq 2) \end{cases}$

(2) 4853

36 (1) $a_n = 2^n + 1$ (2) $S_n = 2^{n+1} + n - 2$

37 (1) $a_n = \dfrac{1}{6}n(2n^2 - 3n + 7)$

(2) $a_n = 2^{n-1} + n - 1$

38 (1) $a_n = \dfrac{60}{n}$ (2) $a_n = \dfrac{1}{n^2 - 2n + 3}$

39 (1) $S_n = \dfrac{n}{4(n+1)}$ (2) $S_n = \dfrac{n}{2(3n+2)}$

40 (1) $S_n = \dfrac{1}{2}(\sqrt{2n+2} - \sqrt{2})$

(2) $S_n = \dfrac{1}{2}(\sqrt{n+2} + \sqrt{n+1} - \sqrt{2} - 1)$

41 $S_n = \dfrac{1}{12}n(n+1)^2(n+2)$

42 $S_n = (n-1)2^n + 1$

43 (1) 2^{n-1} (2) 第9群の245番目

44 (1) 第109項 (2) $\dfrac{1591}{30}$

45 (1) $a_2 = 4$, $a_3 = 7$, $a_4 = 10$, $a_5 = 13$

(2) $a_2 = -6$, $a_3 = 12$, $a_4 = -24$, $a_5 = 48$

(3) $a_2 = 3$, $a_3 = 5$, $a_4 = 9$, $a_5 = 17$

(4) $a_2 = 2$, $a_3 = 4$, $a_4 = 9$, $a_5 = 23$

46 (1) $a_1 = 2$, $a_{n+1} = a_n + 3$

(2) $a_1 = 1$, $a_{n+1} = 3a_n$

(3) $a_1 = 1$, $a_{n+1} - a_n = n$

(4) $a_1 = 1$, $a_{n+1} - a_n = n^2$

47 (1) $a_n = -3n + 7$ (2) $a_n = 3 \cdot 5^{n-1}$

(3) $a_n = 2n^2 - 4n + 4$ (4) $a_n = 2^n - 1$

48 (1) $a_n = 5 \cdot 2^{n-1} - 4$

(2) $a_n = 3 \cdot 4^{n-1} - 1$

(3) $a_n = 5 \cdot (-1)^n + 4$

(4) $a_n = \left(\dfrac{1}{2}\right)^{n-1} + 2$

(5) $a_n = \dfrac{1}{4}(5^n + 3)$

(6) $a_n = \dfrac{1}{4}\{1 - 5 \cdot (-3)^{n-1}\}$

49 $a_n = \dfrac{2n-1}{n}$

50 (1) $b_{n+1} = b_n$, $b_1 = \dfrac{2}{3}$

(2) $b_n = \dfrac{2}{3}$, $a_n = \dfrac{2}{3(n+1)}$

51 $a_n = (n+1) \cdot 2^{n-1}$

52 $a_n = \dfrac{2}{2 \cdot 3^{n-1} - 1}$

53 $a_n = 2 \cdot 3^{n-1} - n$

54 (1) $b_n = 2^n$ (2) $a_n = 2^n - n$

55 $a_n = \dfrac{1}{2} \cdot \left(\dfrac{3}{4}\right)^{n-1}$

56 $a_n = 2 \cdot 3^{n-1} - 1$

57 (1) $P_{n+1} = -\dfrac{1}{5}P_n + \dfrac{3}{5}$

(2) $P_n = \dfrac{1}{2}\left\{1 + \left(-\dfrac{1}{5}\right)^n\right\}$

58 (1) 略 (2) 略

59 (1) 略 (2) 略

60 略

61 略

62 略

63 略

64 略

65 (1) $a_2 = 4$, $a_3 = 5$, $a_4 = 6$

(2) 略 ($a_n = n + 2$)

2章 確率分布と統計的な推測

66 (1)

X	1	3	5	7	計
P	$\dfrac{35}{64}$	$\dfrac{21}{64}$	$\dfrac{7}{64}$	$\dfrac{1}{64}$	1

(2) $\dfrac{29}{64}$

67 $E(X)=\dfrac{7}{3}$, $V(X)=\dfrac{8}{9}$, $\sigma(X)=\dfrac{2\sqrt{2}}{3}$

68 $E(X)=\dfrac{6}{5}$, $V(X)=\dfrac{9}{25}$, $\sigma(X)=\dfrac{3}{5}$

69 $a=\dfrac{3}{8}$, $b=\dfrac{1}{8}$, $V(X)=1$, $\sigma(X)=1$

70 (1)

X	0	1	2	3	計
P	$\dfrac{9}{36}$	$\dfrac{8}{36}$	$\dfrac{9}{36}$	$\dfrac{10}{36}$	1

(2) $\dfrac{17}{36}$

71 $E(X)=\dfrac{3}{2}$, $V(X)=\dfrac{9}{20}$, $\sigma(X)=\dfrac{3\sqrt{5}}{10}$

72 $E(X)=4$, $V(X)=\dfrac{9}{5}$, $\sigma(X)=\dfrac{3\sqrt{5}}{5}$

73 $E(X)=\dfrac{161}{36}$, $V(X)=\dfrac{2555}{1296}$

74 (1) $E(Y)=46$, $V(Y)=144$, $\sigma(Y)=12$

(2) $E(Y)=4$, $V(Y)=\dfrac{16}{9}$, $\sigma(Y)=\dfrac{4}{3}$

(3) $E(Y)=-\dfrac{7}{2}$, $V(Y)=4$, $\sigma(Y)=2$

75 (1) $E(X)=4$, $V(X)=5$

(2) $E(Y)=5$, $V(Y)=20$

76 (1) $\dfrac{5}{3}$ (2) $\dfrac{34}{45}$ (3) $\dfrac{2}{3}$

77 (1) $E(X)=\dfrac{3}{2}$, $V(X)=\dfrac{3}{4}$

(2) $a=\dfrac{2\sqrt{3}}{3}$, $b=-\sqrt{3}$

78 $a=\sqrt{2}$, $b=3\sqrt{2}$

79 $E(Y)=3n+2$, $V(Y)=3(n^2-1)$

80 $E(T)=150$, $V(T)=6250$,
$\sigma(T)=25\sqrt{10}$

81 (1) $\dfrac{7}{128}$ (2) $\dfrac{21}{32}$ (3) $\dfrac{1023}{1024}$

82 (1) $E(X)=\dfrac{5}{6}$, $V(X)=\dfrac{25}{36}$, $\sigma(X)=\dfrac{5}{6}$

(2) $E(X)=150$, $V(X)=\dfrac{75}{2}$, $\sigma(X)=\dfrac{5\sqrt{6}}{2}$

(3) $E(X)=500$, $V(X)=250$, $\sigma(X)=5\sqrt{10}$

83 $E(X)=4$, $V(X)=\dfrac{10}{3}$

84 $E(X)=5$, $V(X)=\dfrac{5}{2}$, $\sigma(X)=\dfrac{\sqrt{10}}{2}$

85 $E(X)=240$, $\sigma(X)=4\sqrt{3}$

86 $E(X)=\dfrac{75}{2}$, $\sigma(X)=\dfrac{5\sqrt{15}}{4}$

87 (1) $n=9$, $p=\dfrac{2}{3}$

(2) 3

88 (1) $a=-1$, $b=4$

(2) $E(X)=4np-n$, $V(X)=16np(1-p)$

89 (1) $-\dfrac{1}{4}$ (2) $\dfrac{5}{8}$

90 (1) 0.3413 (2) 0.1574

(3) 0.8185 (4) 0.0456

91 (1) 0.3413

(2) 0.8413 (3) 0.9544

92 (1) $N(\boxed{225}, \boxed{25^2})$

$Z=\dfrac{X-\boxed{225}}{\boxed{25}}$, $N(\boxed{0}, \boxed{1})$

(2) $\boxed{68.3}$ %, $\boxed{2.3}$ %

93 97.1 %

94 (1) 0.4772 (2) 0.0228

95 0.0139

96 (1)

X	2	4	6	8	計
P	$\dfrac{4}{10}$	$\dfrac{3}{10}$	$\dfrac{2}{10}$	$\dfrac{1}{10}$	1

(2) $\mu=4$, $\sigma^2=4$, $\sigma=2$

97 $E(\overline{X})=20$, $\sigma(\overline{X})=\dfrac{5}{2}$

98 (1) 0.8185

(2) 0.6247 (3) 0.8413

99 0.9544

100 144 個以上

101 ③

102 $74.02\leqq\mu\leqq75.98$

103 $48.04\leqq\mu\leqq51.96$

104 $0.3608\leqq p\leqq0.4392$

105 (1) $790.2\leqq\mu\leqq809.8$

(2) 2401 本以上

106 $0.701 \leqq p \leqq 0.799$

107 ②

108 (1) 棄却される

(2) 棄却されない

109 (1) 棄却されない

(2) 棄却される

110 製品の重さに変化があったといえる

111 男子と女子の出生率が異なるとはいえない

112 $200\,\mathrm{g}$ より重いといえる

113 B は A よりすぐれているといえる

数学B　復習問題

1 (1) $a_n = \dfrac{3}{4}n - \dfrac{1}{2}$, $S_n = \dfrac{1}{8}n(3n-1)$

(2) $a_n = 2 \cdot \left(\dfrac{5}{3}\right)^{n-1}$, $S_n = 3\left\{\left(\dfrac{5}{3}\right)^n - 1\right\}$

2 (1) $d = -\dfrac{7}{3}$, $S = 143$

(2) $n = 8$, $S = -255$

(3) $r = 3$ のとき $a = \dfrac{8}{9}$

$r = -4$ のとき $a = -\dfrac{3}{8}$

3 (1) 初項 $\log_{10} 5$, 公差 $\log_{10} 2$

(2) $\dfrac{n}{2}\log_{10} 25 \cdot 2^{n-1}$

4 (1) $\dfrac{1}{6}n(n+1)(2n-5)$

(2) $\dfrac{1}{4}n(n+1)(n-1)(n+2)$

(3) $\dfrac{1}{24}n(n+1)(n+2)(n+3)$

5 (1) $\dfrac{1}{6}n(n+1)(2n+1)$

(2) $-n^2(4n+3)$

6 (1) $a_n = \dfrac{1}{2}(n-2)(3n-1)$

(2) $a_n = \dfrac{1}{3}\{7 - (-2)^{n-1}\}$

7 (1) $S_n = \dfrac{n(3n+5)}{4(n+1)(n+2)}$

(2) $S_n = -\dfrac{2n+3}{2^n} + 3$

8 (1) $2n^2 - 2n + 1$

(2) 117 (3) 第 10 群の 8 番目

(4) $4n^3$

9 (1) $a_n = \dfrac{1}{2}n(3n-5)$

(2) $a_n = 1 - \left(\dfrac{2}{3}\right)^{n-1}$

(3) $a_n = \dfrac{2}{6n-5}$

(4) $a_n = 4^n - n$

10 (1) $a_1 = -1$

(2) $a_{n+1} = 2a_n - 1$

(3) $a_n = 1 - 2^n$

11 (1) 略 (2) 略

12 (1) $a_2 = \dfrac{3}{4}$, $a_3 = \dfrac{5}{6}$, $a_4 = \dfrac{7}{8}$

(2) 略 $\left(a_n = \dfrac{2n-1}{2n}\right)$

13 (1)(ア) $\dfrac{1}{a}$

(イ) $E(X) = 6$, $V(X) = 8$

(ウ) $s = 2$, $t = 8$

$sX + t \geqq 20$ となる確率は $\dfrac{3}{5}$

(2)(ア) $\dfrac{1}{6}$

(イ) 期待値 30, 標準偏差 5

(ウ) 0.8767

14 (1) ア は m, イ は $\dfrac{\sigma}{7}$

ウ は $125000m$,

エ は $\dfrac{125000}{7}\sigma$

オ は 193, カ は 207

(2) キ は②, ク は⑤

ケ は⑦, コ は②

サ は②, シ は①

数学C

1章 ベクトル

114 (1) $\overrightarrow{OB}$, $\overrightarrow{EO}$, $\overrightarrow{DC}$

(2) $\overrightarrow{BA}$, $\overrightarrow{CO}$, $\overrightarrow{OF}$, $\overrightarrow{CF}$

(3) $\overrightarrow{DA}$, $\overrightarrow{BE}$, $\overrightarrow{EB}$, $\overrightarrow{CF}$, $\overrightarrow{FC}$

115 (1) (2)

(3)

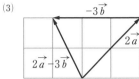

116 (1) $-2\vec{a}+4\vec{b}$ (2) $-10\vec{b}$

117 (1) $x=2$, $y=-4$

(2) $x=\dfrac{2}{3}$, $y=\dfrac{7}{3}$

118 (1) $\vec{x}=\dfrac{3}{4}\vec{a}-\dfrac{1}{2}\vec{b}$

(2) $\vec{y}=\vec{a}-\vec{b}$, $\vec{x}=2\vec{a}+\vec{b}$

119 (1) $\dfrac{1}{4}\overrightarrow{AC}$

(2) $-\dfrac{1}{5}\overrightarrow{AB}+\dfrac{1}{5}\overrightarrow{AC}$, $\dfrac{1}{5}\overrightarrow{AB}-\dfrac{1}{5}\overrightarrow{AC}$

120 (1) $-\vec{b}+\vec{c}$ (2) $\dfrac{1}{2}\vec{b}+\dfrac{1}{2}\vec{c}$

(3) $\dfrac{1}{2}\vec{b}-\vec{c}$ (4) $-\dfrac{1}{2}\vec{b}$

121 (1) $\vec{x}+\vec{y}$

(2) $2\vec{x}+\vec{y}$ (3) $\dfrac{2}{3}\vec{x}+\dfrac{1}{3}\vec{y}$

122 (1) $(-3,\ 3)$, $3\sqrt{2}$

(2) $(3,\ -9)$, $3\sqrt{10}$

(3) $(-2,\ 4)$, $2\sqrt{5}$

123 (1) $(-3,\ 2)$, $\sqrt{13}$

(2) $(-7,\ 0)$, 7

(3) $(2,\ -6)$, $2\sqrt{10}$

124 $(-4,\ 1)$

125 $\left(\dfrac{5}{13},\ -\dfrac{12}{13}\right)$

126 $x=8$, $y=-2$

127 $\vec{a}=(-1,\ 5)$, $\vec{b}=(7,\ 2)$

128 略

129 $\vec{p}=(2\sqrt{3}-\sqrt{3})$, $(-2\sqrt{3},\ \sqrt{3})$

130 $t=-3$

131 $x=-2$

132 (1) $\vec{c}=-2\vec{a}+3\vec{b}$ (2) $\vec{d}=4\vec{a}-\vec{b}$

133 (1) $5\sqrt{2}$ (2) -6

134 (1) 3 (2) 0

(3) -3 (4) -2

135 (1) 7 (2) 0

136 (1) $\theta=30°$ (2) $\theta=135°$

137 (1) $\theta=45°$ (2) $\theta=90°$

138 (1) $x=\dfrac{2}{3}$ (2) $x=1,\ -2$

139 $120°$

140 $t=\dfrac{9}{7}$

141 $\vec{p}=(\sqrt{2},\ -3\sqrt{2})$, $(-\sqrt{2},\ 3\sqrt{2})$

142 $\vec{e}=\left(\dfrac{\sqrt{3}}{2},\ \dfrac{1}{2}\right)$, $(0,\ 1)$

143 (1) $t=3,\ -2$

(2) $t=\dfrac{1}{2}$ のとき最小値 $\dfrac{3\sqrt{2}}{2}$

144 (1) -14 (2) 6

145 $4\sqrt{3}$

146 (1) $\theta=30°$ (2) $t=-\dfrac{5}{3}$

147 (1) $\dfrac{2\sqrt{5}}{5}$ (2) 4

(3) 4 (4) 略, 4

148 (1) $\vec{p}=\dfrac{2}{7}\vec{a}+\dfrac{5}{7}\vec{b}$, $\vec{q}=-\dfrac{2}{3}\vec{a}+\dfrac{5}{3}\vec{b}$

(2) $\vec{r}=\dfrac{3}{5}\vec{a}+\dfrac{2}{5}\vec{b}$, $\vec{s}=3\vec{a}-2\vec{b}$

149 (1) $-\vec{a}+\dfrac{1}{4}\vec{b}+\dfrac{3}{4}\vec{c}$

(2) $\dfrac{1}{2}\vec{a}-\vec{b}+\dfrac{1}{2}\vec{c}$

(3) $-\dfrac{1}{2}\vec{a}-\dfrac{1}{2}\vec{b}+\vec{c}$

150 略

151 $\vec{c}=-\vec{a}+2\vec{b}$

152 略

153 略

154 平行四辺形

155 (1) $\vec{p} = \dfrac{\vec{a}+\vec{b}}{2}$

　　　辺 AB の中点

(2) $\vec{p} = \dfrac{2\vec{b}+3\vec{c}}{5}$

　　辺 BC を 3:2 に内分する点

(3) $\vec{p} = -\vec{b}+2\vec{c}$

　　辺 BC を 2:1 に外分する点

156 $y = -3$

157 (1) $\overrightarrow{PQ} = \dfrac{1}{2}\vec{c} - \dfrac{1}{3}\vec{b}$, $\overrightarrow{PR} = 2\vec{c} - \dfrac{4}{3}\vec{b}$

(2) 略

(3) PR を 1:3 に内分する点

158 略

159 略

160 $\dfrac{2}{3}\vec{a} + \dfrac{1}{9}\vec{b}$

161 $\dfrac{3}{5}\vec{b} + \dfrac{2}{5}\vec{d}$

162 (1) $\dfrac{4}{9}\vec{b} + \dfrac{5}{9}\vec{c}$ (2) $\dfrac{4}{15}\vec{b} + \dfrac{1}{3}\vec{c}$

163 略

164 辺 AB を 2:1 に内分する点

165 (1) 辺 BC を 5:4 に内分する点を
　　　D とすると，点 P は線分 AD を
　　　3:1 に内分する点

(2) $3:4:5$

166 略

167 略

168 略

169 略

170 (1) $\begin{cases} x = 2+3t \\ y = 1-2t \end{cases}$
　　　$2x+3y-7=0$

(2) $\begin{cases} x = -3+t \\ y = -5+2t \end{cases}$
　　$2x-y+1=0$

171 (1) $\begin{cases} x = -3+4t \\ y = -1+3t \end{cases}$
　　　$3x-4y+5=0$

(2) $\begin{cases} x = 4-4t \\ y = 3t \end{cases}$
　　$3x+4y-12=0$

172 (1) 点 P は
　　　点 A と
　　　一致する

(2) 点 P は
　　　線分 AB を
　　　1:3 に内分する点

(3) 点 P は
　　　線分 AB の中点

(4) 点 P は
　　　線分 AB を
　　　3:1 に内分する点

(5) 点 P は
　　　線分 AB を
　　　2:1 に
　　　外分する点

(6) 点 P は
　　　線分 AB を
　　　1:2 に
　　　外分する点

173 (1) $x-3y-10=0$

(2) $3x+5y-17=0$

174 (1) $x^2+y^2=5$

(2) $(x-3)^2+(y+1)^2=4$

175 (1) $\theta = 45°$ (2) $\theta = 45°$

176 (1) $(x+1)^2+(y-1)^2=13$

(2) 円は $(x-4)^2+(y-3)^2=8$
　　接線は $x+y-3=0$

177 (1) 点 A を通り，$\overrightarrow{OB}$ に垂直な直線上

(2) 点 A を中心とする半径 AO の円周上

178 (1) 直線 A′B′ 上

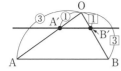

(2) 直線 A′B 上

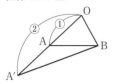

179 (1) 色のついた
部分の周上
または内部

(2) 色のついた
部分の周上
または内部

(3) 色のついた部分の周上または内部

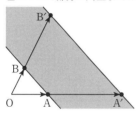

180 $11x-3y=0$

181 $x-3y+5=0$

182 (1) $H\left(-\dfrac{6}{5},\ -\dfrac{2}{5}\right)$

(2) $H\left(-\dfrac{7}{5},\ \dfrac{14}{5}\right)$

183 $H(2,\ 4)$

184 (1) $(1,\ 3,\ 2)$ (2) $(-1,\ 3,\ -2)$

(3) $(1,\ -3,\ -2)$ (4) $(1,\ -3,\ 2)$

(5) $(-1,\ 3,\ 2)$ (6) $(-1,\ -3,\ -2)$

(7) $(-1,\ -3,\ 2)$

185 (1) $z=3$ (2) $x=4$ (3) $y=-5$

186 (1) 3 (2) $\sqrt{33}$

187 (1) AB＝BC の二等辺三角形

(2) ∠A＝90° の直角三角形

188 (1) $\overrightarrow{AF}=\vec{a}+\vec{c}$

(2) $\overrightarrow{DB}=\vec{a}-\vec{b}$

(3) $\overrightarrow{EC}=\vec{a}+\vec{b}-\vec{c}$

(4) $\overrightarrow{BH}=-\vec{a}+\vec{b}+\vec{c}$

(5) $\overrightarrow{GA}=-\vec{a}-\vec{b}-\vec{c}$

(6) $\overrightarrow{FD}=-\vec{a}+\vec{b}-\vec{c}$

(7) $\overrightarrow{MN}=-\dfrac{1}{2}\vec{a}+\vec{b}-\dfrac{1}{2}\vec{c}$

(8) $\overrightarrow{CM}=-\dfrac{1}{2}\vec{a}-\vec{b}+\vec{c}$

189 $C(0,\ 0,\ 5)$

190 $C(-1,\ -2,\ 0),\ (5,\ 10,\ 0)$

191 (1) 略

(2) $x=-\dfrac{1}{2},\ y=-\dfrac{1}{2},\ z=\dfrac{3}{2}$

192 (1) $(2,\ -4,\ 2),\ 2\sqrt{6}$

(2) $(6,\ -9,\ -2),\ 11$

(3) $(-5,\ 4,\ 11),\ 9\sqrt{2}$

193 (1) $(1,\ 2,\ -2),\ 3$

(2) $(-1,\ 4,\ -1),\ 3\sqrt{2}$

(3) $(-4,\ -2,\ 5),\ 3\sqrt{5}$

194 (1) 1 (2) 0 (3) 1

(4) -1 (5) 1 (6) 0

195 (1) $\vec{a}\cdot\vec{b}=3,\ \theta=30°$

(2) $\vec{a}\cdot\vec{b}=-15,\ \theta=135°$

(3) $\vec{a}\cdot\vec{b}=0,\ \theta=90°$

196 $x=3,\ y=-2,\ z=7$

197 $\vec{p}=\left(\dfrac{4}{3},\ -\dfrac{4}{3},\ \dfrac{2}{3}\right),$

$\left(-\dfrac{4}{3},\ \dfrac{4}{3},\ -\dfrac{2}{3}\right)$

198 (1) $\vec{p}=2\vec{a}+3\vec{b}+\vec{c}$

(2) $\vec{q}=\vec{a}-4\vec{b}+3\vec{c}$

199 (1) $x=2,\ z=-4$

(2) $\vec{e}=\left(\dfrac{1}{\sqrt{14}},\ \dfrac{3}{\sqrt{14}},\ -\dfrac{2}{\sqrt{14}}\right),$

$\left(-\dfrac{1}{\sqrt{14}},\ -\dfrac{3}{\sqrt{14}},\ \dfrac{2}{\sqrt{14}}\right)$

200 最小値 $\dfrac{\sqrt{42}}{2},\ \vec{c}=\left(-2,\ \dfrac{1}{2},\ \dfrac{5}{2}\right)$

201 (1) $\overrightarrow{AB}=-\vec{a}+\vec{b}$, $\overrightarrow{BC}=-\vec{b}+\vec{c}$

(2) $\dfrac{1}{3}\vec{a}+\dfrac{2}{3}\vec{b}$ (3) $-\dfrac{2}{3}\vec{a}+\dfrac{5}{3}\vec{b}$

(4) $\dfrac{\vec{a}+\vec{b}+\vec{c}}{3}$

202 (1) 中点 $\left(\dfrac{7}{2},\ \dfrac{9}{2},\ \dfrac{1}{2}\right)$

内分点 $(3,\ 4,\ 1)$

外分点 $(-9,\ -8,\ 13)$

(2) 中点 $\left(-\dfrac{1}{2},\ \dfrac{5}{2},\ \dfrac{3}{2}\right)$

内分点 $(0,\ 3,\ 1)$

外分点 $(12,\ 15,\ -11)$

203 (1) $G(2,\ -1,\ 0)$

(2) $D(6,\ -5,\ 8)$

204 $C(-3,\ 5,\ 0)$

205 略

206 $C(5,\ -6,\ -1)$

207 $A(2,\ 0,\ 0)$, $B(0,\ 4,\ -2)$

208 (1) $\overrightarrow{ON}=\dfrac{2}{5}\vec{a}+\dfrac{1}{5}\vec{b}+\dfrac{1}{5}\vec{c}$

$\overrightarrow{OG}=\dfrac{1}{3}\vec{b}+\dfrac{1}{3}\vec{c}$

(2) 略

209 (1) $H(5,\ 6,\ 1)$

(2) $\dfrac{15\sqrt{70}}{2}$

(3) $(x-5)^2+(y-6)^2+(z-1)^2=36$

210 (1) 平面 ABCD との交点

$\left(\dfrac{1}{2},\ 1,\ 2\right)$

平面 DCGH との交点

$(1,\ 2,\ 1)$

(2) $\sqrt{5}$

211 $x=5$

212 (1) $\dfrac{1}{3}\overrightarrow{OA}+\dfrac{1}{3}\overrightarrow{OB}+\dfrac{1}{3}\overrightarrow{OC}$

(2) $\overrightarrow{OP}=\dfrac{1}{5}\overrightarrow{OA}+\dfrac{1}{5}\overrightarrow{OB}+\dfrac{1}{5}\overrightarrow{OC}$

2章 複素数平面

213

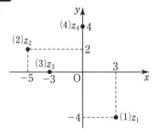

214 (1) 実軸に関して対称な点 $4-3i$

虚軸に関して対称な点 $-4+3i$

原点に関して対称な点 $-4-3i$

(2) 実軸に関して対称な点 $-2-3i$

虚軸に関して対称な点 $2+3i$

原点に関して対称な点 $2-3i$

215

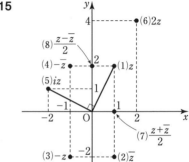

216

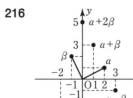

217 $x=4$

218 (1) 5 (2) $\sqrt{2}$

(3) $\sqrt{3}$ (4) 1

219 (1) $\sqrt{5}$ (2) 5

(3) $3\sqrt{2}$ (4) $5\sqrt{2}$

220 (1) $\dfrac{z+\bar{z}}{2}$ (2) $\dfrac{z-\bar{z}}{2i}$

(3) $\dfrac{1+i}{2}z+\dfrac{1-i}{2}\bar{z}$ (4) $\dfrac{z^2+\bar{z}^2}{2}$

221 (1) $2+3i$ (2) $\dfrac{1}{2}+\dfrac{3}{2}i$

222 (1) $2\left(\cos\dfrac{\pi}{6}+i\sin\dfrac{\pi}{6}\right)$

(2) $\sqrt{2}\left(\cos\dfrac{7}{4}\pi+i\sin\dfrac{7}{4}\pi\right)$

(3) $3\left(\cos\dfrac{\pi}{2}+i\sin\dfrac{\pi}{2}\right)$

(4) $2(\cos\pi+i\sin\pi)$

223 (1) $r\{\cos(-\theta)+i\sin(-\theta)\}$

(2) $\dfrac{1}{r}\{\cos(-\theta)+i\sin(-\theta)\}$

224 (1) $-9\sqrt{3}+9i$

(2) $1+\sqrt{3}\,i$

225 (1) $r=2$, $\theta=\dfrac{11}{6}\pi$

(2) $r=2$, $\theta=\dfrac{\pi}{3}$

(3) $r=4$, $\theta=\dfrac{\pi}{6}$

(4) $r=1$, $\theta=\dfrac{3}{2}\pi$

226 (1) z を原点のまわりに $\dfrac{\pi}{2}$ だけ 回転移動した点

(2) z を原点のまわりに $\dfrac{\pi}{3}$ だけ 回転移動した点

(3) z を原点のまわりに $-\dfrac{\pi}{4}$ だけ 回転し，原点からの距離を $\sqrt{2}$ 倍にした点

227 $-\dfrac{1}{2}+\dfrac{3\sqrt{3}}{2}i$

228 $z=\sqrt{2}\left(\cos\dfrac{3}{4}\pi+i\sin\dfrac{3}{4}\pi\right)$, $\sqrt{2}\left(\cos\dfrac{5}{4}\pi+i\sin\dfrac{5}{4}\pi\right)$

229 (1) $\sqrt{2}\left(\cos\dfrac{\pi}{12}+i\sin\dfrac{\pi}{12}\right)$

(2) $\dfrac{\sqrt{3}+1}{2}+\dfrac{\sqrt{3}-1}{2}i$

(3) $\cos\dfrac{\pi}{12}=\dfrac{\sqrt{6}+\sqrt{2}}{4}$, $\sin\dfrac{\pi}{12}=\dfrac{\sqrt{6}-\sqrt{2}}{4}$

230 $\dfrac{3}{2}\mp\dfrac{\sqrt{3}}{2}+\left(\dfrac{1}{2}\pm\dfrac{3\sqrt{3}}{2}\right)i$ （複号同順）

231 略

232 (1) $-\dfrac{\sqrt{2}}{2}+\dfrac{\sqrt{2}}{2}i$

(2) $-\dfrac{1}{2}+\dfrac{\sqrt{3}}{2}i$

(3) $-\dfrac{\sqrt{3}}{2}-\dfrac{1}{2}i$

(4) -1

233 (1) -64

(2) $-\dfrac{\sqrt{3}}{2}-\dfrac{1}{2}i$ (3) i

234 (1) $z=\dfrac{\sqrt{2}}{2}\pm\dfrac{\sqrt{2}}{2}i$, $-\dfrac{\sqrt{2}}{2}\pm\dfrac{\sqrt{2}}{2}i$

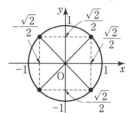

(2) $z=-\dfrac{\sqrt{2}}{2}+\dfrac{\sqrt{2}}{2}i$, $\dfrac{\sqrt{2}}{2}-\dfrac{\sqrt{2}}{2}i$

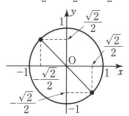

(3) $z=\pm1$, $\dfrac{1}{2}\pm\dfrac{\sqrt{3}}{2}i$, $-\dfrac{1}{2}\pm\dfrac{\sqrt{3}}{2}i$

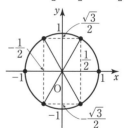

(4)　$z=-i,\ \pm\dfrac{\sqrt{3}}{2}+\dfrac{1}{2}i$

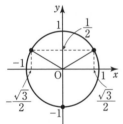

235 (1)　$z=\dfrac{\sqrt{6}}{2}+\dfrac{\sqrt{2}}{2}i,\ -\dfrac{\sqrt{6}}{2}-\dfrac{\sqrt{2}}{2}i$

(2)　$z=-1+i,$

$\dfrac{1+\sqrt{3}}{2}-\dfrac{1-\sqrt{3}}{2}i,\ \dfrac{1-\sqrt{3}}{2}-\dfrac{1+\sqrt{3}}{2}i$

236 (1)　2　(2)　0

237　-64

238　1

239　$\sqrt{3}$

240　$(\alpha,\ \beta)=(i,\ i),$

$\left(-\dfrac{\sqrt{3}+i}{2},\ \dfrac{\sqrt{3}-i}{2}\right),$

$\left(\dfrac{\sqrt{3}-i}{2},\ -\dfrac{\sqrt{3}+i}{2}\right)$

241 (1)　$M(1+3i)$　(2)　$C(2+4i)$

(3)　$D(5+7i)$　(4)　$B'(-5-3i)$

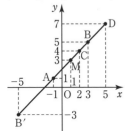

242 (1)　$1+3i$　(2)　$11+3i$

243　$a=1,\ b=-2$

244 (1)　点 i を中心
とする
半径 1 の円

(2)　点 $\dfrac{i}{2}$ を中心
とする
半径 1 の円

(3)　点 1 と点 $2i$
を結ぶ線分の
垂直二等分線

(4)　点 -1 と点 $2-i$
を結ぶ線分の
垂直二等分線

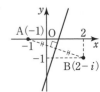

245 (1)　原点を中心とする半径 2 の円

(2)　点 $2-i$ を中心とする半径 $\sqrt{10}$ の円

246 (1)　点 2 を中心とする半径 1 の円

(2)　点 $\dfrac{1}{2}$ を中心とする半径 $\dfrac{1}{2}$ の円

(3)　点 $1-i$ を中心とする半径 2 の円

247 (1)　色のついた部分で，境界を含む。

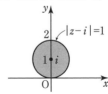

(2)　色のついた部分で，境界を含む。

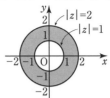

248　$\beta=-1+2i$

$\gamma=-2-i$

$\delta=1-2i$

249 (1)　正三角形

(2)　$OA:OB:AB=1:2:\sqrt{3}$ の直角三
角形

250 (1) $-1+8i$ (2) $2\sqrt{3}-\sqrt{3}\,i$

251 (1) $\dfrac{\pi}{2}$ (2) $\dfrac{\pi}{4}$

252 $1-\sqrt{3}+(2+2\sqrt{3})i$ または
$1+\sqrt{3}+(2-2\sqrt{3})i$

253 (1) $\dfrac{7}{3}$ (2) $-\dfrac{11}{5}$

254 $|z|=1$, $|\alpha|=\dfrac{1}{2}$

255 (1) 略 (2) 略

256 (1) $1+\sqrt{3}\,i$
(2) $\text{AB}:\text{AC}:\text{BC}=1:2:\sqrt{3}$ の直角三角形

257 $\angle \text{A}$ が直角の直角二等辺三角形

258 (1) $1\pm i$
(2) $\angle \text{A}$ が直角の直角二等辺三角形

259 実軸(原点を除く)と,
原点を中心とする半径 2 の円

3章 平面上の曲線

260 (1) $y^2=8x$ (2) $y^2=-4x$

261 (1) $x^2=-4y$ (2) $x^2=2y$

262 (1) 焦点 $(1,\ 0)$,
準線 $x=-1$

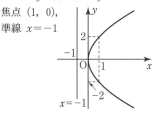

(2) 焦点 $(-2,\ 0)$,
準線 $x=2$

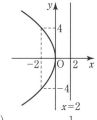

263 (1) 焦点 $\left(0,\ \dfrac{1}{4}\right)$, 準線 $y=-\dfrac{1}{4}$

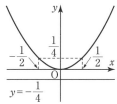

(2) 焦点 $\left(0,\ -\dfrac{3}{4}\right)$, 準線 $y=\dfrac{3}{4}$

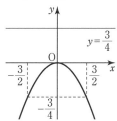

264 (1) $y^2=x$ (2) $x^2=-4y$

265 (1) $a-4$ (2) 略

266 略

267 $\dfrac{x^2}{5}+y^2=1$

268 (1) 焦点は $(\pm\sqrt{7},\ 0)$,
長軸の長さ 8,
短軸の長さ 6

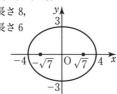

(2) 焦点 $(\pm 1,\ 0)$,
長軸の長さ $2\sqrt{5}$,
短軸の長さ 4

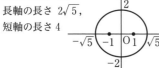

269 (1) 焦点 $(0,\ \pm\sqrt{3})$,
長軸の長さ 4,
短軸の長さ 2

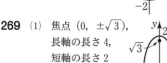

(2) 焦点 $(0,\ \pm\sqrt{2})$,
長軸の長さ $2\sqrt{6}$,
短軸の長さ 4

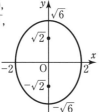

270 (1) $\dfrac{x^2}{25}+\dfrac{y^2}{16}=1$

(2) $\dfrac{x^2}{4}+\dfrac{y^2}{25}=1$ (3) $x^2+\dfrac{y^2}{16}=1$

271 (1) $\dfrac{x^2}{7}+\dfrac{y^2}{4}=1$ (2) $\dfrac{x^2}{36}+\dfrac{y^2}{16}=1$

272 (1) $\dfrac{x^2}{9}+\dfrac{y^2}{6}=1$ (2) $\dfrac{x^2}{4}+\dfrac{y^2}{8}=1$

273 (1) $\dfrac{x^2}{14}+\dfrac{y^2}{9}=1$ (2) $\dfrac{x^2}{7}+\dfrac{y^2}{16}=1$

274 略

275 $\dfrac{x^2}{9}-\dfrac{y^2}{7}=1$

276 (1) 焦点 $(\pm 5,\ 0)$,

漸近線 $y=\pm\dfrac{3}{4}x$

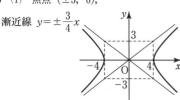

(2) 焦点 $\left(\pm\dfrac{\sqrt{3}}{2},\ 0\right)$,

漸近線 $y=\pm\sqrt{2}\,x$

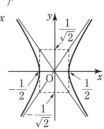

277 (1) 焦点 $(0,\ \pm\sqrt{13})$,

漸近線 $y=\pm\dfrac{2}{3}x$

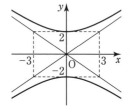

(2) 焦点 $(0,\ \pm\sqrt{5})$,
漸近線 $y=\pm 2x$

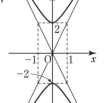

278 (1) $\dfrac{x^2}{9}-\dfrac{y^2}{16}=1$ (2) $\dfrac{x^2}{2}-\dfrac{y^2}{2}=-1$

(3) $x^2-\dfrac{y^2}{8}=1$ (4) $\dfrac{x^2}{4}-\dfrac{y^2}{12}=-1$

279 (1) $\dfrac{x^2}{4}-\dfrac{y^2}{9}=1$ (2) $\dfrac{x^2}{3}-\dfrac{y^2}{3}=1$

280 略

281 b

282 (1) 焦点 $\left(-1,\ \dfrac{9}{4}\right)$

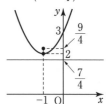

(2) 焦点 $(3, -1)$, $(1, -1)$

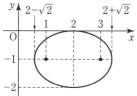

(3) 焦点 $(-1, 2\pm\sqrt{13})$

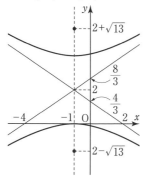

283 (1) $(4, 4)$, $(1, -2)$

(2) $\left(\dfrac{3}{2}, -1\right)$ (3) $(4, 4)$, $\left(\dfrac{4}{7}, -\dfrac{20}{7}\right)$

284 (1) $k=\pm\sqrt{3}$ (2) $k<-\sqrt{3}$, $\sqrt{3}<k$

285 (1) 焦点 $(\pm\sqrt{3}, 1)$

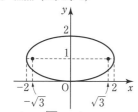

(2) 焦点 $\left(1\pm\dfrac{\sqrt{3}}{2}, \dfrac{1}{2}\right)$

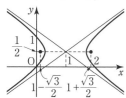

(3) 焦点 $(2, -1\pm\sqrt{5})$

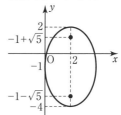

286 (1) $y=x-2$, $y=-x+2$

(2) $y=\pm\dfrac{\sqrt{5}}{3}x+3$

(3) $y=x\pm\sqrt{3}$

287 (1) $(y+1)^2=8x$

(2) $(x-2)^2+\dfrac{(y-2)^2}{10}=1$

(3) $\dfrac{(x-1)^2}{2}-\dfrac{(y-2)^2}{2}=1$

288 (1) $x=5\cos\theta$, $y=5\sin\theta$

(2) $x=2\cos\theta+2$, $y=2\sin\theta-3$

(3) $x=4\cos\theta$, $y=\sin\theta$

(4) $x=4\cos\theta$, $y=3\sin\theta$

289 (1) 直線 $y=2x-5$

(2) 放物線 $y=-\dfrac{x^2}{4}+1$

(3) 双曲線 $\dfrac{x^2}{4}-\dfrac{y^2}{4}=-1$ $(x\geqq0)$

(4) 円 $(x-1)^2+(y+3)^2=4$

(5) 楕円 $\dfrac{(x-3)^2}{9}+\dfrac{(y+1)^2}{25}=1$

(6) 双曲線 $\dfrac{x^2}{25}-\dfrac{y^2}{16}=1$

290 (1) 円 $x^2+y^2=1$
（点 $(-1, 0)$ を除く）

(2) 楕円 $x^2+\dfrac{y^2}{4}=1$

（点 $(-1, 0)$ を除く）

291 (1) 放物線 $y=1-x^2$ $(-1\leqq x\leqq1)$

(2) 放物線 $y=1-2x^2$ $(-1\leqq x\leqq1)$

(3) 円 $x^2+y^2=5$

292 (1) $PR=a\sin\theta$, $CR=a\cos\theta$,
$\overparen{PQ}=a\theta$

(2) $x=a(\theta-\sin\theta)$, $y=a(1-\cos\theta)$

(3) $\theta=0$ のとき $x=0,\ y=0$

$\theta=\dfrac{\pi}{3}$ のとき

$x=a\left(\dfrac{\pi}{3}-\dfrac{\sqrt{3}}{2}\right),\ y=\dfrac{a}{2}$

$\theta=\dfrac{\pi}{2}$ のとき $x=a\left(\dfrac{\pi}{2}-1\right),\ y=a$

$\theta=\dfrac{2}{3}\pi$ のとき

$x=a\left(\dfrac{2}{3}\pi-\dfrac{\sqrt{3}}{2}\right),\ y=\dfrac{3}{2}a$

$\theta=\pi$ のとき $x=a\pi,\ y=2a$

$\theta=2\pi$ のとき $x=2a\pi,\ y=0$

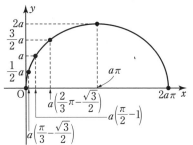

293 (1) $\left(\dfrac{\sqrt{3}}{2},\ \dfrac{1}{2}\right)$

(2) $(-2,\ 0)$

(3) $\left(\dfrac{3\sqrt{2}}{2},\ -\dfrac{3\sqrt{2}}{2}\right)$

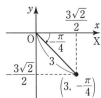

(4) $\left(-\dfrac{\sqrt{3}}{2},\ -\dfrac{3}{2}\right)$

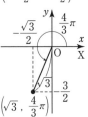

294 (1) $\left(2,\ \dfrac{\pi}{4}\right)$ (2) $\left(3,\ \dfrac{3}{2}\pi\right)$

(3) $\left(2,\ \dfrac{4}{3}\pi\right)$ (4) $\left(2,\ \dfrac{11}{6}\pi\right)$

295 (1) $\theta=\dfrac{3}{4}\pi$

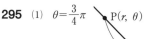

(2) $r=4$

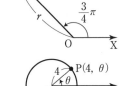

296 (1) $r\cos\left(\theta-\dfrac{2}{3}\pi\right)=5$

(2) $r=4\cos\left(\theta-\dfrac{\pi}{6}\right)$

297 (1) $r\cos\left(\theta-\dfrac{\pi}{3}\right)=3$

(2) $r\cos\left(\theta-\dfrac{5}{6}\pi\right)=2$

(3) $r=8\cos\left(\theta-\dfrac{\pi}{4}\right)$

298 (1)

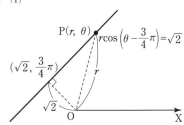

(2)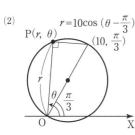
$$r = 10\cos\left(\theta - \dfrac{\pi}{3}\right)$$

299 $r\cos\theta\left(\theta - \dfrac{\pi}{3}\right) = 1$

300 (1) $r\cos\theta = 3$

(2) $r\sin\theta = 2$ (3) $\theta = \dfrac{\pi}{4}$

301 (1) $x^2 + y^2 = 2$

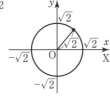

(2) $y = 1$

(3) $x = 5$

(4) $x + 2y = 5$

302 (1) $(x-4)^2 + y^2 = 16$

(2) $(x-1)^2 + (y-\sqrt{3})^2 = 4$

303 (1) 中心 $\left(1, \dfrac{\pi}{2}\right)$, 半径 2

(2) 中心 $\left(4, \dfrac{\pi}{3}\right)$, 半径 3

304 (1) $x^2 + \dfrac{y^2}{4} = 1$ (2) $x^2 - y^2 = -1$

305 (1) $x^2 + \left(y - \dfrac{1}{2}\right)^2 = \dfrac{1}{4}$

(2) $(x-2)^2 + y^2 = 4$

(3) $\left(x - \dfrac{1}{2}\right)^2 + \left(y + \dfrac{\sqrt{3}}{2}\right)^2 = 1$

(4) $\sqrt{3}\,x - y = 4$

(5) $\sqrt{3}\,x - y = 8$

(6) $y^2 = 4 - 4x$

306 (1) $r\cos\left(\theta - \dfrac{\pi}{4}\right) = \dfrac{1}{\sqrt{2}}$

(2) $r = 2$

(3) $r^2 - 2\sqrt{2}\,r\cos\left(\theta - \dfrac{\pi}{4}\right) + 1 = 0$

(4) $r^2\sin 2\theta = 5$ (5) $r\cos^2\theta = \sin\theta$

307 (1) $r\sin^2\theta = 4\cos\theta$

(2) $r^2(2 - \cos^2\theta) = 4$ (3) $r^2\cos 2\theta = 1$

308 (1) $y^2 = -4(x-1)$

(2) $\dfrac{(x+2)^2}{8} + \dfrac{y^2}{4} = 1$

(3) $(x-2)^2 - \dfrac{y^2}{3} = 1$

309 略

310 略

311 略

312 略

313 (1) 双曲線 $\dfrac{(x+4)^2}{18} - \dfrac{y^2}{18} = 1$

(2) 楕円 $\dfrac{(x-5)^2}{18} + \dfrac{y^2}{9} = 1$

314 放物線 $y^2 = 6x - 3$

315 楕円 $\dfrac{x^2}{4} + y^2 = 1$

316 双曲線 $\dfrac{(x-5)^2}{9} - \dfrac{(y+2)^2}{16} = 1$

317 放物線 $(x-5)^2 = 8(y+2)$

318 $\left(-\dfrac{16}{17}, \dfrac{2}{17}\right)$

319 $-1 < m < 0,\ 0 < m < 1$ のとき, 2 個
$m = 0,\ \pm 1$ のとき, 1 個
$m < -1,\ 1 < m$ のとき, 0 個

320 楕円 $(x-1)^2 + \dfrac{y^2}{4} = 1$ の
$0 \leqq x \leqq \dfrac{1}{2}$ の部分

321 $x=\dfrac{-t^2+4}{t^2+4}$, $y=\dfrac{8t}{t^2+4}$

322 (1) $r=\dfrac{2}{1-2\cos\theta}$

    (2) $r=\dfrac{1}{2-\cos\theta}$

数学C　復習問題

15 (1) $6\vec{a}-2\vec{b}$　(2) $\dfrac{1}{6}\vec{a}+\dfrac{2}{3}\vec{b}$

16 $x=-\dfrac{5}{3}$, $y=2$

17 (1) $\vec{x}=(0,\ 7)$, $|\vec{x}|=7$

    (2) $\vec{x}=(7,\ -7)$, $|\vec{x}|=7\sqrt{2}$

18 $y=1$

19 (1) $\theta=30°$　(2) $\sqrt{7}$

20 $S=\dfrac{17}{2}$

21 $\overrightarrow{\mathrm{PQ}}=-\dfrac{2}{3}\vec{a}+\dfrac{1}{6}\vec{b}$

22 略

23 辺 BC を $3:1$ に内分する点を
D とすると，点 P は線分 AD を
$2:1$ に内分する点
面積比は $2:1:3$

24 (1) $\vec{p}=t\vec{a}+\dfrac{2}{3}\vec{b}$

    (2) $\vec{p}=\dfrac{1-t}{2}\vec{a}+\dfrac{3+t}{6}\vec{b}$

25 (1) 線分 A′B′ 上

    (2) 平行四辺形 ABA′B′ の辺上

26 $\mathrm{D}\left(\dfrac{6\pm2\sqrt{3}}{3},\ \dfrac{6\pm2\sqrt{3}}{3},\ \dfrac{6\pm2\sqrt{3}}{3}\right)$

（複号同順）

27 (1) $|\overrightarrow{\mathrm{AB}}|=\sqrt{30}$, $|\overrightarrow{\mathrm{AC}}|=3$

    (2) 7　(3) $y=5$, $z=-6$

    (4) $y=\dfrac{59}{3}$, $z=\dfrac{32}{3}$

28 (1) $\overrightarrow{\mathrm{AM}}=\dfrac{1}{3}(\vec{b}+\vec{d}+\vec{e})$

    (2) $\mathrm{AM}:\mathrm{MG}=1:2$

29 (1) 中心 $(3,\ -1,\ -4)$，半径 5

    (2) 中心 $(3,\ -1,\ 0)$，半径 3 の円

30 (1) 次の図の斜線部分。
　　 ただし，境界線を含む。

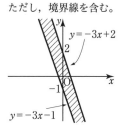

    (2) 次の図の斜線部分。
　　 ただし，境界線を含む。

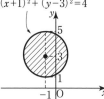

31 (1)

    (2) $\angle\mathrm{AOB}=90°$ の直角三角形

32 $a=\dfrac{\sqrt{3}-1}{2}$, $b=\dfrac{\sqrt{3}-1}{2}$

33 点 $2i$ を中心
とする半径 1 の
円の周
および内部。

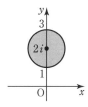

34 点 z_3 を直角の頂点とする
直角二等辺三角形

35 略

36 $\left(\dfrac{-3+\sqrt{3}}{2},\ \dfrac{1+3\sqrt{3}}{2}\right)$

37 (1) $y^2=-\dfrac{3}{2}x$ (2) $x^2=-8y$

(3) $\dfrac{x^2}{25}+\dfrac{y^2}{9}=1$ (4) $\dfrac{x^2}{3}+\dfrac{y^2}{6}=1$

(5) $x^2-\dfrac{y^2}{2}=1$ (6) $\dfrac{x^2}{16}-\dfrac{y^2}{9}=-1$

38 $k=\pm\dfrac{2\sqrt{10}}{3}$

39 (1) 放物線 $y^2=2x+1$

(2) 楕円 $\dfrac{(x-1)^2}{2}+\dfrac{(y+3)^2}{8}=1$

40 (1) $2\sqrt{7}$ (2) $2\sqrt{3}$

(3) $r(\cos\theta+3\sqrt{3}\sin\theta)=4\sqrt{3}$

41 (1) $r=\dfrac{3}{\sin\theta-2\cos\theta}$

(2) $r=2\cos\theta+2\sqrt{3}\sin\theta$

(3) $r^2=\dfrac{12}{4\cos^2\theta-3\sin^2\theta}$

42 (1) $y=x+2$

(2) $\left(x-\dfrac{5}{2}\right)^2+\left(y-\dfrac{5\sqrt{3}}{2}\right)^2=25$

43 $r\cos\left(\theta-\dfrac{\pi}{3}\right)=2,\ h=2,\ \alpha=\dfrac{\pi}{3}$

エクセル数学 B+C

表紙デザイン
エッジ・デザインオフィス

● 編　者——実教出版編修部

● 発行者——小田　良次

● 印刷所——共同印刷株式会社

● 発行所——実教出版株式会社

〒102-8377
東京都千代田区五番町 5
電話〈営業〉(03) 3238-7777
　〈編修〉(03) 3238-7785
　〈総務〉(03) 3238-7700
https://www.jikkyo.co.jp/

002402023　　　ISBN978-4-407-35206-1

1　ベクトルの加法・減法・実数倍

・加法
$$\overrightarrow{AB}+\overrightarrow{BC}=\overrightarrow{AC}$$

・減法
$$\overrightarrow{OA}-\overrightarrow{OB}=\overrightarrow{BA}$$

・実数倍
$\vec{a}\neq\vec{0}$ のとき

$k>0$ ならば，
$k\vec{a}$ は $\vec{a}$ と同じ向きで，
大きさが $|\vec{a}|$ の k 倍

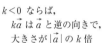

$k<0$ ならば，
$k\vec{a}$ は $\vec{a}$ と逆の向きで，
大きさが $|\vec{a}|$ の k 倍

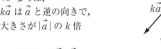

$k=0$ ならば，$0\vec{a}=\vec{0}$
$\vec{a}=\vec{0}$ のとき
　任意の実数 k について　$k\vec{0}=\vec{0}$　　　$\bullet$ $0\cdot\vec{a}$

2　ベクトルの演算

(1) $\vec{a}+(-\vec{a})=\vec{0}$，$\vec{a}+\vec{0}=\vec{a}$，$\vec{a}-\vec{b}=\vec{a}+(-\vec{b})$

(2) k, l が実数のとき
$$k(l\vec{a})=(kl)\vec{a}, \quad (k+l)\vec{a}=k\vec{a}+l\vec{a}$$
$$k(\vec{a}+\vec{b})=k\vec{a}+k\vec{b}$$

3　ベクトルの分解

$\vec{a}\neq\vec{0}$，$\vec{b}\neq\vec{0}$，$\vec{a}\nparallel\vec{b}$（1 次独立）のとき
・任意の $\vec{p}$ は　$\vec{p}=m\vec{a}+n\vec{b}$（$m$, n は実数）の形に
　ただ 1 通りに表せる。
・$m\vec{a}+n\vec{b}=m'\vec{a}+n'\vec{b}$
　　$\Longleftrightarrow m=m'$, $n=n'$

4　ベクトルの成分（複号同順）

$\vec{a}=(a_1,\ a_2)$，$\vec{b}=(b_1,\ b_2)$ のとき
・相等　$\vec{a}=\vec{b}\Longleftrightarrow a_1=b_1$, $a_2=b_2$
・大きさ　$|\vec{a}|=\sqrt{a_1{}^2+a_2{}^2}$
・$\vec{a}\pm\vec{b}=(a_1\pm b_1,\ a_2\pm b_2)$
・$k\vec{a}=(ka_1,\ ka_2)$（k は実数）

5　$\overrightarrow{AB}$ の成分と大きさ

$A(a_1,\ a_2)$，$B(b_1,\ b_2)$ のとき
・$\overrightarrow{AB}=(b_1-a_1,\ b_2-a_2)$
・$|\overrightarrow{AB}|=\sqrt{(b_1-a_1)^2+(b_2-a_2)^2}$

6　ベクトルの内積

(1) $\vec{0}$ でない 2 つのベクトル $\vec{a}$，
　$\vec{b}$ のなす角を θ（$0°\leq\theta\leq180°$）
　とするとき
$$\vec{a}\cdot\vec{b}=|\vec{a}||\vec{b}|\cos\theta$$

(2) $\vec{a}\cdot\vec{b}=\vec{b}\cdot\vec{a}$，$\vec{a}\cdot\vec{a}=|\vec{a}|^2$，
　$\vec{a}\cdot(\vec{b}+\vec{c})=\vec{a}\cdot\vec{b}+\vec{a}\cdot\vec{c}$

7　ベクトルの平行と垂直条件

$\vec{a}\neq\vec{0}$，$\vec{b}\neq\vec{0}$ のとき
・平行条件：$\vec{a}/\!/\vec{b}\Longleftrightarrow\vec{b}=k\vec{a}$（$k$ は実数）
・垂直条件：$\vec{a}\perp\vec{b}\Longleftrightarrow\vec{a}\cdot\vec{b}=0$

8　内積と成分

$\vec{a}=(a_1,\ a_2)$，$\vec{b}=(b_1,\ b_2)$ のとき
・$\vec{a}\cdot\vec{b}=a_1b_1+a_2b_2$
・$\cos\theta=\dfrac{\vec{a}\cdot\vec{b}}{|\vec{a}||\vec{b}|}=\dfrac{a_1b_1+a_2b_2}{\sqrt{a_1{}^2+a_2{}^2}\sqrt{b_1{}^2+b_2{}^2}}$

9　△OAB の面積 S

$\overrightarrow{OA}=\vec{a}=(a_1,\ a_2)$，$\overrightarrow{OB}=\vec{b}=(b_1,\ b_2)$ のとき
$$S=\frac{1}{2}\sqrt{|\vec{a}|^2|\vec{b}|^2-(\vec{a}\cdot\vec{b})^2}=\frac{1}{2}|a_1b_2-a_2b_1|$$

10　位置ベクトル

$A(\vec{a})$，$B(\vec{b})$，$C(\vec{c})$ のとき
・$\overrightarrow{AB}=\vec{b}-\vec{a}$
・線分 AB を $m:n$ の比に分ける点の位置ベクトル
　内分 $\dfrac{n\vec{a}+m\vec{b}}{m+n}$，外分 $\dfrac{-n\vec{a}+m\vec{b}}{m-n}$（$m\neq n$）
・線分 AB の中点 $\dfrac{\vec{a}+\vec{b}}{2}$
・△ABC の重心 $\dfrac{\vec{a}+\vec{b}+\vec{c}}{3}$

11　ベクトルの応用

3 点 A，B，C が一直線上
　　$\Longleftrightarrow\overrightarrow{AC}=k\overrightarrow{AB}$（$k$ は実数）

12　ベクトル方程式

s, t が実数のとき

(1) 点 $A(\vec{a})$ を通り，$\vec{u}$（$\neq\vec{0}$）に平行な直線
$$\vec{p}=\vec{a}+t\vec{u}\quad(\vec{u} は方向ベクトル)$$

(2) 2点 $A(\vec{a})$，$B(\vec{b})$ を通る直線
$$\vec{p}=(1-t)\vec{a}+t\vec{b}=s\vec{a}+t\vec{b}\quad(s+t=1)$$

(3) 点 $A(\vec{a})$ を通り，$\vec{n}$（$\neq\vec{0}$）に垂直な直線
$$\vec{n}\cdot(\vec{p}-\vec{a})=0\quad(\vec{n} は法線ベクトル)$$

(4) 点 $C(\vec{c})$ を中心とする半径 r の円
$$|\vec{p}-\vec{c}|=r\quad または\quad (\vec{p}-\vec{c})\cdot(\vec{p}-\vec{c})=r^2$$

(5) 2点 $A(\vec{a})$，$B(\vec{b})$ を直径の両端とする円
$$(\vec{p}-\vec{a})\cdot(\vec{p}-\vec{b})=0$$

13　平面上の点 P の存在範囲

$\overrightarrow{OP}=s\overrightarrow{OA}+t\overrightarrow{OB}$ のとき

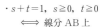

・$s+t=1$	・$s+t=1$, $s\geqq0$, $t\geqq0$
$\Longleftrightarrow$ 直線 AB 上	$\Longleftrightarrow$ 線分 AB 上

・$s+t\leqq1$, $s\geqq0$, $t\geqq0$
$\Longleftrightarrow$ $\triangle$OAB の周
　　　および内部

空間のベクトル

14　ベクトルの演算

(1) 和 $\overrightarrow{AB}+\overrightarrow{BC}=\overrightarrow{AC}$
差 $\overrightarrow{OA}-\overrightarrow{OB}=\overrightarrow{BA}$

(2) $\vec{a}+\vec{b}=\vec{b}+\vec{a}$　　　　　（交換法則）
$(\vec{a}+\vec{b})+\vec{c}=\vec{a}+(\vec{b}+\vec{c})$（結合法則）

(3) $\vec{a}+(-\vec{a})=\vec{0}$, $\vec{a}+\vec{0}=\vec{a}$, $\vec{a}-\vec{b}=\vec{a}+(-\vec{b})$

(4) k, l が実数のとき
$k(l\vec{a})=(kl)\vec{a}$, $(k+l)\vec{a}=k\vec{a}+l\vec{a}$
$k(\vec{a}+\vec{b})=k\vec{a}+k\vec{b}$

（平面のときと同じ計算法則が成り立つ）

15　空間ベクトルの分解

$\vec{0}$ でない3つのベクトル $\vec{a}$, $\vec{b}$, $\vec{c}$ が同一平面上にない（1次独立）とき

・任意の $\vec{p}$ は $\vec{p}=l\vec{a}+m\vec{b}+n\vec{c}$（$l$, m, n は実数）の形にただ1通りに表せる。

・$l\vec{a}+m\vec{b}+n\vec{c}=l'\vec{a}+m'\vec{b}+n'\vec{c}$
$\Longleftrightarrow l=l'$, $m=m'$, $n=n'$

16　空間ベクトルの成分（複号同順）

$\vec{a}=(a_1, a_2, a_3)$, $\vec{b}=(b_1, b_2, b_3)$ のとき

・相等　$\vec{a}=\vec{b}\Longleftrightarrow a_1=b_1, a_2=b_2, a_3=b_3$

・大きさ　$|\vec{a}|=\sqrt{a_1^2+a_2^2+a_3^2}$

・$\vec{a}\pm\vec{b}=(a_1\pm b_1, a_2\pm b_2, a_3\pm b_3)$

・$k\vec{a}=(ka_1, ka_2, ka_3)$（$k$ は実数）

$A(a_1, a_2, a_3)$, $B(b_1, b_2, b_3)$ のとき

・$\overrightarrow{AB}=(b_1-a_1, b_2-a_2, b_3-a_3)$

・$|\overrightarrow{AB}|=\sqrt{(b_1-a_1)^2+(b_2-a_2)^2+(b_3-a_3)^2}$

17　空間ベクトルの内積

(1) $\vec{0}$ でない2つのベクトル $\vec{a}$，$\vec{b}$ のなす角を θ（$0°\leqq\theta\leqq180°$）とするとき
$$\vec{a}\cdot\vec{b}=|\vec{a}||\vec{b}|\cos\theta$$

(2) $\vec{a}\cdot\vec{b}=\vec{b}\cdot\vec{a}$, $\vec{a}\cdot\vec{a}=|\vec{a}|^2$,
$\vec{a}\cdot(\vec{b}+\vec{c})=\vec{a}\cdot\vec{b}+\vec{a}\cdot\vec{c}$

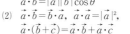

$\vec{a}=(a_1, a_2, a_3)$, $\vec{b}=(b_1, b_2, b_3)$ のとき

・$\vec{a}\cdot\vec{b}=a_1b_1+a_2b_2+a_3b_3$

・$\cos\theta=\dfrac{\vec{a}\cdot\vec{b}}{|\vec{a}||\vec{b}|}=\dfrac{a_1b_1+a_2b_2+a_3b_3}{\sqrt{a_1^2+a_2^2+a_3^2}\sqrt{b_1^2+b_2^2+b_3^2}}$

18　位置ベクトル

$A(\vec{a})$, $B(\vec{b})$, $C(\vec{c})$ のとき

・$\overrightarrow{AB}=\vec{b}-\vec{a}$

・線分 AB を $m:n$ の比に分ける点の位置ベクトル

内分 $\dfrac{n\vec{a}+m\vec{b}}{m+n}$, 外分 $\dfrac{-n\vec{a}+m\vec{b}}{m-n}$（$m\neq n$）

・線分 AB の中点 $\dfrac{\vec{a}+\vec{b}}{2}$

・$\triangle$ABC の重心 $\dfrac{\vec{a}+\vec{b}+\vec{c}}{3}$

19　直線と平面の垂直

一直線上にない3点 A, B, C で定まる平面を α とするとき

点 P が平面 α 上 $\Longleftrightarrow \overrightarrow{AP}=s\overrightarrow{AB}+t\overrightarrow{AC}$
$\Longleftrightarrow \overrightarrow{OP}=r\overrightarrow{OA}+s\overrightarrow{OB}+t\overrightarrow{OC}$（$r+s+t=1$）

20　球面の方程式

中心が点 (a, b, c)，半径 r の球面の方程式
$$(x-a)^2+(y-b)^2+(z-c)^2=r^2$$

1 複素数平面（ガウス平面）

(1) 座標平面上の点 $(a,\ b)$ に対して複素数
$$z=a+bi\ (i\ \text{は虚数単位})$$
を対応させた平面。 （虚軸）
この点を $P(z)$,
または点 z と表す。

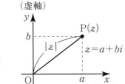

(2) 共役な複素数
$z=a+bi$ に対して
$$\overline{z}=a-bi$$
$$-z=-a-bi$$
$$-\overline{z}=-a+bi$$
であるから
点 $\overline{z}$ は，点 z と実軸に関して対称
点 $-z$ は，点 z と原点に関して対称
点 $-\overline{z}$ は，点 z と虚軸に関して対称

2 共役な複素数の性質

(1) $\overline{\alpha\pm\beta}=\overline{\alpha}\pm\overline{\beta}$ （複号同順）

(2) $\overline{\alpha\beta}=\overline{\alpha}\,\overline{\beta}$

(3) $\overline{\left(\dfrac{\alpha}{\beta}\right)}=\dfrac{\overline{\alpha}}{\overline{\beta}}$

(4) z が実数 $\iff \overline{z}=z$
z が純虚数 $\iff \overline{z}=-z,\ z\neq0$

3 複素数の絶対値の性質

原点 O と点 z の距離を $|z|$ で表す。
$$|z|=|a+bi|=\sqrt{a^2+b^2}$$

(1) $|z|\geqq0$
$|z|=0 \iff z=0$

(2) $|z|=|-z|,\ |z|=|\overline{z}|$

(3) $|z|^2=z\overline{z}$
$|z|=1 \iff \overline{z}=\dfrac{1}{z}$

(4) 複素数平面上の2点 $A(\alpha)$, $B(\beta)$ 間の距離は
$$AB=|\beta-\alpha|$$

4 複素数の極形式

(1) $z=r(\cos\theta+i\sin\theta)$
$(r=|z|,\ \theta=\arg z)$ を
複素数 z の極形式，
θ を z の偏角という。

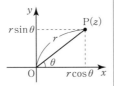

5 複素数の積と商

(1) $\begin{cases} z_1=r_1(\cos\theta_1+i\sin\theta_1) \\ z_2=r_2(\cos\theta_2+i\sin\theta_2) \end{cases}$ のとき

・$z_1z_2=r_1r_2\{\cos(\theta_1+\theta_2)+i\sin(\theta_1+\theta_2)\}$
$|z_1z_2|=|z_1||z_2|,\ \arg(z_1z_2)=\arg z_1+\arg z_2$

・$\dfrac{z_1}{z_2}=\dfrac{r_1}{r_2}\{\cos(\theta_1-\theta_2)+i\sin(\theta_1-\theta_2)\}$

$\left|\dfrac{z_1}{z_2}\right|=\dfrac{|z_1|}{|z_2|},\ \arg\dfrac{z_1}{z_2}=\arg z_1-\arg z_2$

(2) $w=r(\cos\theta+i\sin\theta)$ のとき

・点 wz は，点 z を原点のまわりに θ だけ回転し，原点からの距離を r 倍した点

・点 $\dfrac{z}{w}$ は，点 z を原点のまわりに $-\theta$ だけ回転し，原点からの距離を $\dfrac{1}{r}$ 倍した点

6 ド・モアブルの定理

任意の整数 n に対して
$$(\cos\theta+i\sin\theta)^n=\cos n\theta+i\sin n\theta$$

7 複素数の図形への応用

(1) 線分の内分点・外分点
複素数平面上の2点 $A(\alpha)$, $B(\beta)$ を $m:n$ に

内分する点は $\dfrac{n\alpha+m\beta}{m+n}$

外分する点は $\dfrac{-n\alpha+m\beta}{m-n}$

(2) 方程式の表す図形
・点 α を中心とする半径 r の円
$$|z-\alpha|=r$$
・2点 α, β を結ぶ線分の垂直二等分線
$$|z-\alpha|=|z-\beta|$$

(3) 点 $A(\alpha)$ のまわりの回転移動
点 $B(\beta)$ を点 $A(\alpha)$ のまわりに θ だけ回転した点を $C(\gamma)$ とすると
$$\gamma-\alpha=(\cos\theta+i\sin\theta)(\beta-\alpha)$$
すなわち
$$\gamma=(\cos\theta+i\sin\theta)(\beta-\alpha)+\alpha$$
$\begin{pmatrix} 3\text{点 A, B, C をすべて }-\alpha\text{ だけ平行移動} \\ \text{すると，原点のまわりの回転移動と考えられる} \end{pmatrix}$

(4) 3点の位置関係
複素数平面上の異なる3点 $A(\alpha)$, $B(\beta)$, $C(\gamma)$ に対して

・2線分のなす角
$$\angle BAC=\arg\dfrac{\gamma-\alpha}{\beta-\alpha}$$

・3点が一直線上にある
$$\iff \dfrac{\gamma-\alpha}{\beta-\alpha} \text{ が実数}$$

・2直線 AB, AC が垂直
$$\iff \dfrac{\gamma-\alpha}{\beta-\alpha} \text{ が純虚数}$$

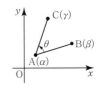

平面上の曲線

1 放物線 $y^2=4px$ $(p \neq 0)$

定点 F と直線 l との距離が等しい点 P の軌跡

焦点 F：$(p, 0)$
準線 $l : x=-p$
接線の方程式：
$y_1 y=2p(x+x_1)$

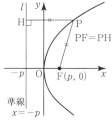

PF=PH

準線
$x=-p$

2 楕円 $\dfrac{x^2}{a^2}+\dfrac{y^2}{b^2}=1$ $(a>b>0)$

2 定点 F，F′ からの距離の和が一定の点 P の軌跡

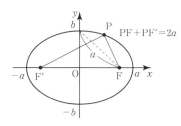

PF+PF′=2a

焦点 F，F′ : $(\pm\sqrt{a^2-b^2}, 0)$

接線の方程式 : $\dfrac{x_1 x}{a^2}+\dfrac{y_1 y}{b^2}=1$

3 双曲線 $\dfrac{x^2}{a^2}-\dfrac{y^2}{b^2}=1$ $(a>0, b>0)$

2 定点 F，F′ からの距離の差が一定の点 P の軌跡

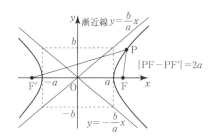

漸近線 $y=\dfrac{b}{a}x$

|PF−PF′|=2a

$y=-\dfrac{b}{a}x$

焦点 F，F′ : $(\pm\sqrt{a^2+b^2}, 0)$

漸近線の方程式 : $y=\pm\dfrac{b}{a}x$

接線の方程式 : $\dfrac{x_1 x}{a^2}-\dfrac{y_1 y}{b^2}=1$

4 2次曲線の平行移動

平面座標上の曲線 $f(x, y)=0$ を
x 軸方向に p，y 軸方向に q だけ
平行移動した曲線の方程式
$f(x-p, y-q)=0$

5 離心率と2次曲線

定点 F からの距離と定直線 l からの距離の比が
$e : 1$ $(e>0)$ である点 P の軌跡
$0<e<1$ のとき　楕円
$e=1$ のとき　　放物線
$e>1$ のとき　　双曲線
e を離心率，l を準線という。
また，定点 F は 2 次曲線の焦点である。

6 媒介変数表示

(1) 円：$x^2+y^2=r^2$
$$\iff \begin{cases} x=r\cos\theta \\ y=r\sin\theta \end{cases}$$

(2) 楕円：$\dfrac{x^2}{a^2}+\dfrac{y^2}{b^2}=1$
$$\iff \begin{cases} x=a\cos\theta \\ y=b\sin\theta \end{cases}$$

(3) 双曲線：$\dfrac{x^2}{a^2}-\dfrac{y^2}{b^2}=1$
$$\iff \begin{cases} x=\dfrac{a}{\cos\theta} \\ y=b\tan\theta \end{cases}$$

(4) サイクロイド
$$\begin{cases} x=a(\theta-\sin\theta) \\ y=a(1-\cos\theta) \end{cases}$$

7 極座標と極方程式

(1) 直交座標 $P(x, y)$ と極座標 $P(r, \theta)$ の関係
$$\begin{cases} x=r\cos\theta \\ y=r\sin\theta \end{cases} \iff \begin{cases} r=\sqrt{x^2+y^2} \\ \cos\theta=\dfrac{x}{r}, \ \sin\theta=\dfrac{y}{r} \end{cases}$$

(2) 極方程式
・極 O を通り，始線とのなす角が α の直線：
$\theta=\alpha$
・極 O から直線 l に下ろした垂線の足が H(p, の直線：$r\cos(\theta-\alpha)=p$
・極を中心とする半径 a の円：$r=a$
・点 (a, α) を中心とし，極 O を通る円：
$r=2a\cos(\theta-\alpha)$

(3) 直交座標の方程式 $\iff$ 極方程式
$x=r\cos\theta$，$y=r\sin\theta$，$x^2+y^2=r^2$
を用いて変換。